식물 자수 수첩

마카베 앨리스 지음 | 황선영 옮김 | 문수연 감수

이아소

BOTANICAL EMBROIDERY

식물의 생김새는 아무리 봐도 싫증이 나지 않습니다. 겹겹이 포개진 꽃잎이나, 뾰족한 모양에 반질반질 윤기 나는 잎사귀, 곧게 뻗은 줄기에 탐스러운 열매, 레이스처럼 촘촘히 이어진 잎사귀. 이 모든 것이 햇빛을 좀 더 듬뿍 받기 위한 것이거나 꽃가루를 옮기는 곤충의 눈에 잘 띄기 위한 것으로 생명을 유지하는 데 특별한 의미가 있습니다. 그런데 이것이 꽃마다 제각각 얼마나 다양하고 아름답고 독특한지……. 언제나 감탄하게 됩니다.

식물의 형태에 매료되다 보니 저의 자수 도안 대부분에는 특정 식물이 보이지 않습니다. 대개는 다양한 모양을 크기나 세부적인 균형을 고려하면서 화면 안에서 조합합니다. 그리고 어떤 스티치로 표현할지 머릿속으로 그리며 시행착오를 거쳐 도안을 완성해나갑니다.

바늘에 자수실을 꿰어, 수를 놓으면 서서히 잎사귀와 꽃잎 모양이 나타납니다. 이것이 서서히 천 위로 봉긋하게 떠오르면 마치 생명이 탄생하는 듯한 희열이 전해집니다. 한 땀 한 땀 자수로 표현된 식물은 보는 사람의 마음까지 평온하게 만듭니다. 이 기쁨을 여러분도 함께 즐기실 수 있다면 저는 더없이 행복할 것입니다.

마카베 앨리스

CONTENTS

WHITE

BLUE

PINK

GREEN

YELLOW

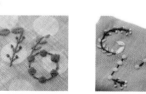

HOW TO STITCH

WHITE

포근한 우윳빛, 눈 같은 순백.
해변에서 마주친 흰 꽃이 소녀처럼 청초하다.

자그마한 꽃에 밀짚모자와 조개껍데
기를 함께 연출한 초여름 해변 이미
지. 2가지 색실을 꿰어 새틴 스티치를
수놓아 오묘한 색감이 도드라진다.

실물 크기 도안…48쪽
패널 사이즈 14,8×21cm

1

같은 도안에 각기 색을 달리해 수놓
았다. 실은 천의 색상까지 함께 고
려해 선택하는 것이 요령이다. 염색
리넨에 2색 실로만 수를 놓아도 세
련되고 멋스럽다.

실물 크기 도안…49쪽

동그란 바닥의 끈 주머니. 색
상 수를 절제하고 식물 자수
를 비스듬히 배치해 텍스타일
디자인 같은 분위기를 낸다.

실물 크기 도안…50쪽
만드는 법…70쪽

4

자수 클로스는 바구니에 살포시 얹
거나 도일리처럼 깔아도 좋다. 원형
의 도안을 반복하고, 4종류의 스티치
를 조합해 수놓았다.

실물 크기 도안…51쪽
만드는 법…71쪽

5

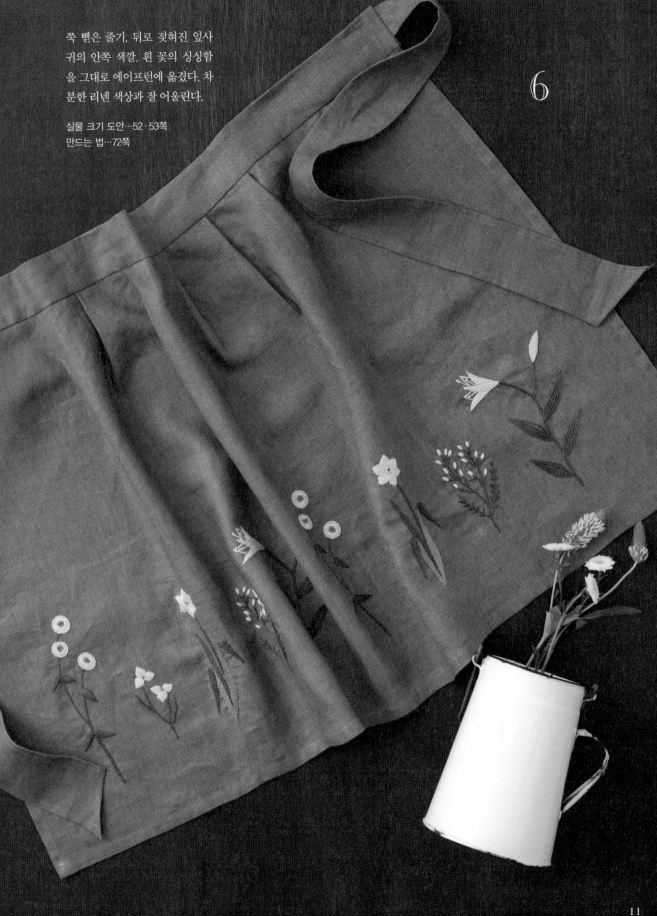

쭉 뻗은 줄기, 뒤로 젖혀진 잎사
귀의 안쪽 색깔, 흰 꽃의 싱싱함
을 그대로 에이프런에 옮겼다. 차
분한 리넨 색상과 잘 어울린다.

실물 크기 도안…52·53쪽
만드는 법…72쪽

6

BLUE

청명한 하늘빛. 사색의 블루 그레이.
달빛 가득한 밤이 짙은 남색으로 물들었다.

고요함이 깃든 밤의 숲을 작은 패널에 담았다. 올빼미 몸을 플라이 스티치로 채워 날개 느낌을 내보았다.

실물 크기 도안…54쪽
패널 사이즈 14×18cm

7

꽃을 시원시원 큼지막하게 그렸다.
선화의 라인을 그대로 옮겨놓은 듯
한 스티치가 매력이다. 자수실의 가
닥수와 스티치에 변화를 주어 느낌
이 한층 풍부해졌다.

실물 크기 도안···55쪽

8과 같은 도안을 1색으로
수놓았다. 흰색 리넨에 핀
푸른 꽃이 인상적이다. 액
세서리처럼 소장하고 싶
은 미니 백이다.

실물 크기 도안…55쪽
만드는 법…73쪽

9

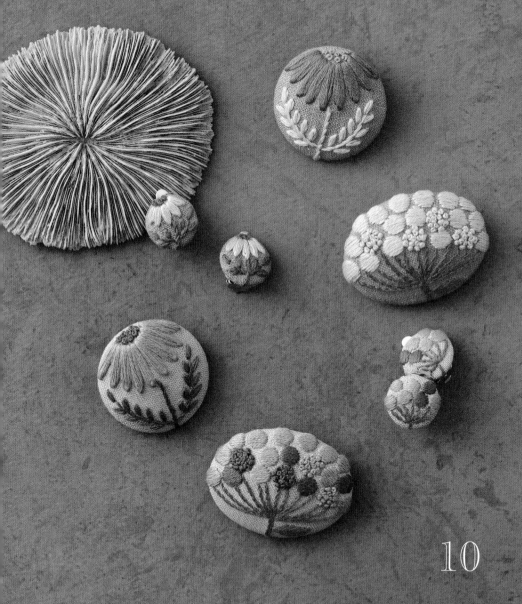

실물 크기 도안·만드는 법…69쪽

공간 한가득 꽃을 디자인한
자수 브로치와 이어링. 자수의
매력을 부담 없이 즐길 수 있
는 아이템이다.

10

앞치마 가슴받이 부분의 체리 스티치. 롱 & 쇼트 스티치를 2단씩 색상을 바꿔
가며 수놓아 그러데이션을 표현했다. 원 포인트로 한 세트만 수놓아도 귀엽다. 실물 크기 도안…56쪽

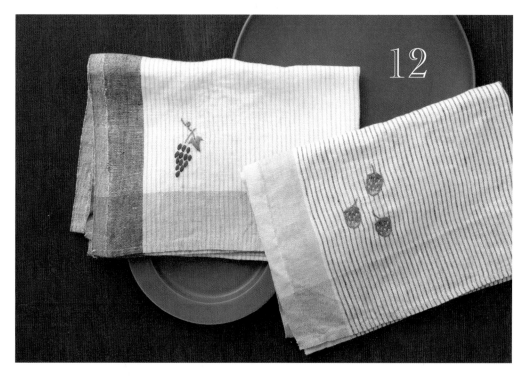

실물 크기 도안…56쪽
포도와 딸기를 수놓은 키친 클로스. 무지뿐 아니라
스트라이프나 체크에 수놓아도 예쁘다.

PINK

꺾어온 화초를 가지런히 놓아본다.
한 떨기 핑크에 금세 온 세상이 화사해진다.

13

식물 채집하듯 작은 꽃을 천 위에 올려
보았다. 꽃과 봉오리, 작은 열매는 봉긋
하게, 가는 줄기는 여리게 수놓아보자.

실물 크기 도안···57쪽

핑크색 리넨에 화사한 색상의
작은 꽃을 여기저기 수놓은
백. 보자기를 응용해 만든 심
플한 디자인이다. 살짝 엿보
이는 안쪽 천 색깔이 악센트.

실물 크기 도안…58쪽
만드는 법…74쪽

14

15

14의 도안을 각각 다른 색으로
수놓았다. 이렇게 모티프를 하
나씩 수놓거나 마음에 드는 모
티프만 배치해 장식하는 것도
재미있다.

실물 크기 도안…58쪽

16

꽃잎이 풍성한 커다란 꽃송이
에 리본을 묶어 선물해보자. 소
중한 메시지를 눌러 담아 전해
주고 싶은 자수 카드다.

실물 크기 도안…59쪽

17

작은 꽃을 규칙적으로 배치해놓은 핑크색과 그린색의
핀 쿠션. 삼각 팩 모양에 가죽끈 고리를 달았다.

실물 크기 도안…59쪽　만드는 법…71쪽

하늘하늘한 화초로 꾸민 리스. 지름 12cm 자수틀에
맞춘 사이즈라, 이대로 장식하는 것도 OK.

실물 크기 도안…60쪽

GREEN

보드라운 초록 풀 융단, 나무들의 반짝임.
고요한 숲속 공기를 천천히 심호흡하자.

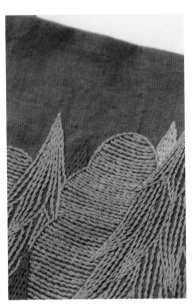  

신록, 연둣빛, 심록……. 다양한 나무 색으로 연출한 숲 사코슈 백(긴 어깨끈이 달린 가방). 나무 모양에 따라 스티치와 라인의 방향을 바꿔 느낌을 한층 풍부하게 살렸다.

실물 크기 도안…61쪽
만드는 법…75쪽

21

22

흰색 꽃 안에 보라색 줄기나, 한데
모아놓은 작은 꽃봉오리, 윤기 나
는 잎맥. 계속 보고 있어도 싫증
나지 않는 매력이 가득하다.

실물 크기 도안…62쪽

흰 천 바탕의 22와 동일한 도안을 염색 리넨에 색다르게
연출. 자연의 식물에 없는 색도 자수 세계에선 얼마든지
표현할 수 있다. 각각에 어울리는 색상을 찾아보자.

실물 크기 도안…63쪽

THE OBSERVER'S BOOK
OF
ARDEN
OWERS

23

24

평소 즐겨 드는 카고 백에 끈 주머니 모양의 이너 백을 만들었다. 바스켓 위로 보이는 부분만 너비 18cm 정도의 패턴을 반복해 수놓았다. 각자 가지고 있는 카고 백 사이즈에 맞춰 만들거나, 모티프 수를 조절할 수 있다.

실물 크기 도안…64쪽
만드는 법…76쪽

YELLOW

투명한 레몬수. 따스한 양지의 온기.
빛이 모여 있는 색은 주위를 환하게 밝혀준다.

25

노란색 리넨에 작은 꽃
부케를 나란히 배치한
쿠션 커버. 산뜻한 색이
라 방 안 분위기가 한층
밝아질 듯하다.

실물 크기 도안…65쪽
만드는 법…77쪽

26

쿠션과 같은 부케를 매트 한쪽
모서리에 스티치. 내추럴 컬러
의 리넨과 잘 어울리는 색상을
선택했다.

실물 크기 도안…65쪽

27

1부터 0까지 숫자를 화초로 표현한 넘버 샘플러. 지퍼를 달고 바닥면이 없는 파우치로 완성했다.

실물 크기 도안…68쪽
만드는 법…78쪽

28

좋아하는 숫자와 행운의 숫자를 손수건에 수놓았다. 작은 자수 소품은 선물로도 안성맞춤이다.

실물 크기 도안…68쪽

34·35쪽 알파벳으로 단어를 만
드는 것도 재밌다. 안경 케이스
에 수놓은 'GLASSES'라는 레터
링으로 한층 특별해졌다.

실물 크기 도안…68쪽
만드는 법…79쪽

29

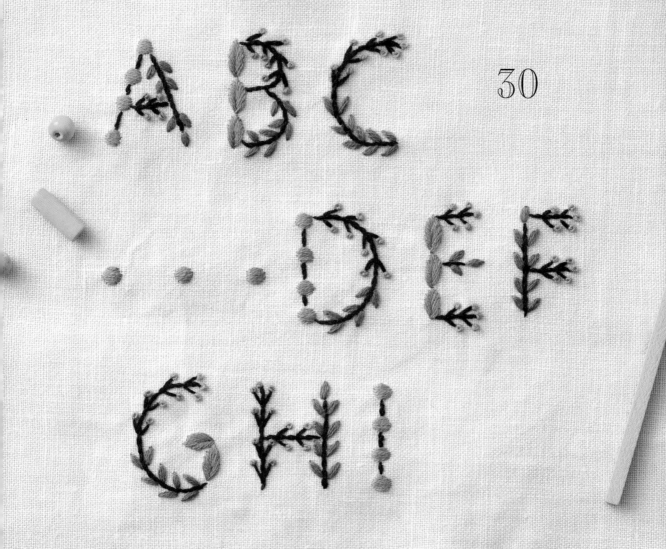

A부터 Z까지 26개 문자에 기호를 더한 알파
벳 샘플러. 문자에서 싹이 나고, 작은 꽃이 피
었다. 전부 수를 놓아도 좋고, 이니셜로 1자
만 수놓아도 예쁘다.

실물 크기 도안…66·67쪽

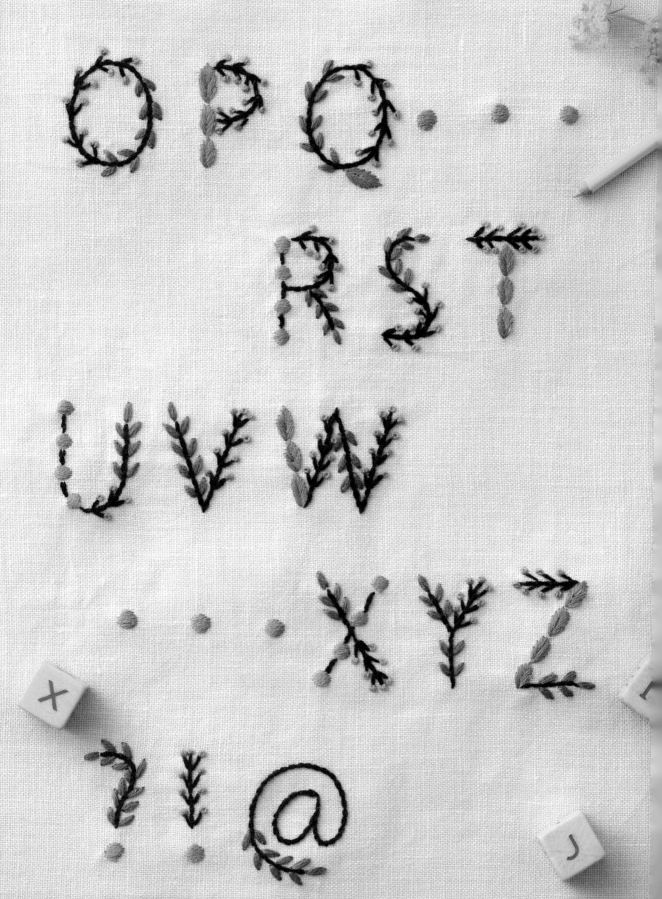

HOW TO
STITCH

수를 놓을 때 색상 선택은 대단히 중요한 요소입니다. 도안을 어떤 분위기로 완성할지 머릿속으로 그리며 바탕천을 고르고 위에 실을 얹어보곤 해요. 흰색, 파랑, 분홍, 노랑, 녹색……. 각 색깔마다 펼쳐지는 무수한 그러데이션 속에서 유달리 눈에 들어오는 실과 천의 색이 서로 묘하게 잘 어우러지는 느낌이 들 때가 있습니다. 마치 꼭 만나야 할 사람을 마주친 듯한, 색과 색이 대화를 나누고 있는 듯한 느낌……. 이렇게 차례차례 배색이 정해집니다.

같은 도안도 색을 바꾸면 전혀 다른 분위기가 되는 것도 자수의 매력 중 하나입니다. 책 곳곳에는 이런 제안도 요소요소에 시도해보았습니다. 책과 같은 색으로 수놓아보고 마음에 들면 다음에는 직접 고른 개성 있는 색으로 새롭게 시도해보세요. 자수의 재미에 더해 색을 고르는 즐거움까지 느낄 수 있습니다.

이 책의 작품에 사용한 재료와
항상 쓰는 도구 등을 소개한다.

자수실과 천

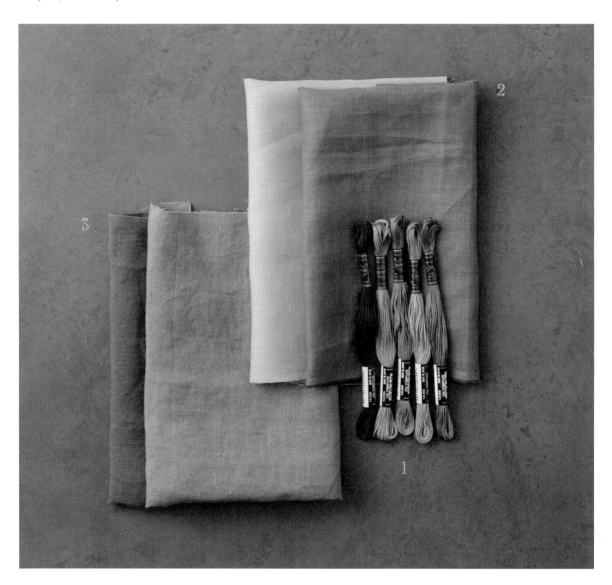

1 올림퍼스 25번 자수실

색상 수가 풍부하고 가장 일반적인 자수실. 광택 있는 가
는 무명실 6가닥이 느슨하게 꼬여 있고, 1타래의 길이는
약 8m. 도안의 밀도나 스티치의 완성 방식에 맞춰 필요한
가닥수를 정돈해 사용한다. 이 책의 자수에는 모두 올림
퍼스사의 25번 자수실을 사용했다(제조사에 따라 색 번호
가 다르다).

2·3 리넨의 평직물

이 책 작품은 리넨의 평직물에 수놓았다. 2는 가는 실로
짠 것(작품 4·21·24 이외의 작품에 사용), 3은 2보다
굵은 실로 짜서 조금 성긴 느낌(작품 4·21·24에 사용).
만들고 싶은 작품의 분위기에 맞춰 색이나 두께를 고르면
된다. 리넨은 수놓기 전에 미리 세탁해서 사용한다(P.40
을 참조).

준비해야 할 도구

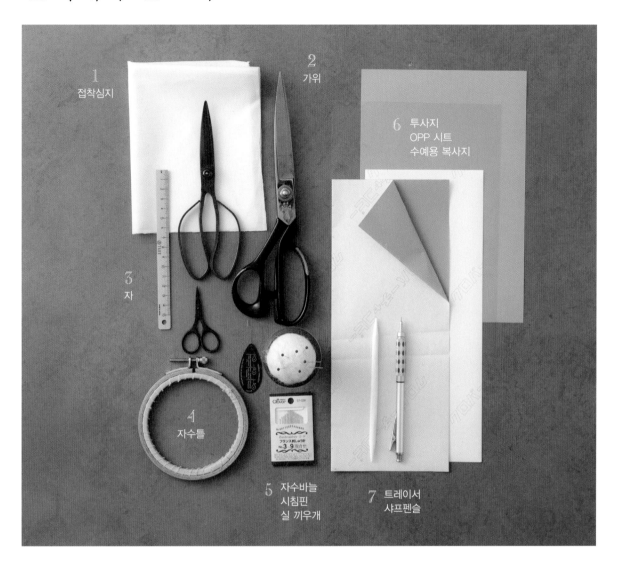

1 접착심지

2 가위

6 투사지
OPP 시트
수예용 복사지

3 자

4 자수틀

5 자수바늘
시침핀
실 끼우개

7 트레이서
샤프펜슬

1 **접착심지**는 올이 비뚤거나 자수가 오그라 드는 것을 방지한다. 도안을 베끼기 전에 천 안쪽에 다리미로 붙인다(에이프런이나 손수건 등 안쪽이 보이는 것은 붙이지 않 는다). 얇은 천 타입이 사용하기 편하다.

2 천을 자를 때 필요한 **재단 가위**, 끝이 얇 고 날이 잘 드는 **실 자르는 가위**(어느 것 이든 종이용 가위와는 다른 전용 가위를 준비한다), 또 가죽이나 펠트 등을 자르는 **공예용 가위**가 있으면 편리하다.

3 도안의 직선 부분을 그리거나 사이즈를 잴 때 **자**를 사용한다.

4 지름 10cm 정도의 작은 **자수 틀**이 사용하기 편하다. 안쪽 틀에 천(재단한 바이어스 천 등)을 가능한 한 겹치지 않게 감아두면 천이 느슨해지지 않 는다.

5 자수에는 끝이 뾰족한 **프랑스 자수바늘**을 사용한다(P.40을 참조). **시침핀**은 천에 도안을 베낄 때 사용한다. **실 끼우개** 는 자수실을 바늘에 꿸 때 사 용하면 편리하다.

6 천에 도안을 베낄 때(표시할 때) 사 용한다. **투사지**는 도안에 겹쳐 무늬 를 베낀다. **수예용 복사지**(한쪽 면 타 입·회색이나 흰색이 사용하기 편하 다)·**OPP 시트**(셀로판) 사용법은 P.41 을 참조.

7 **샤프펜슬**은 투사지에 도안을 베낄 때 사용. **트레이서**는 수예용 복사지 와 OPP 시트 위로 도안을 덧그린다 (P.41을 참조). 끝을 가늘게 깎아 사 용하는 골필(철필)이나 끝이 볼펜 타 입인 제품이 있다.

프랑스 자수바늘

이 책의 자수(유럽 자수)에는 바늘구멍이 크고 실 꿰기 편한
끝이 뾰족한 자수바늘(프랑스 자수바늘)을 사용한다.
바늘 굵기(호수)는 실 굵기(가닥수)와 천 두께에 따라 구분해 사용한다.

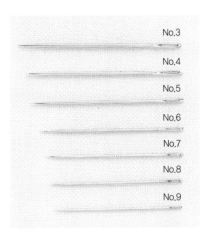

실 가닥수에 맞춘 프랑스 자수바늘 기준표

	굵다/길다 ←			바늘 굵기·길이		→ 가늘다/짧다	
프랑스 자수바늘 (길이·약)	No.3 44.5mm	No.4 42.9mm	No.5 41.3mm	No.6 39.7mm	No.7 38.1mm	No.8 36.5mm	No.9 34.9mm
25번 자수실 가닥수	6가닥 이상	5~6 가닥	4~5 가닥	3~4 가닥	2~3 가닥	1~2 가닥	1가닥

※표 안의 호수와 사진은 클로버(주)의 제품(사진은 실물 크기).
　나라마다 제품이나 그 밖의 바늘의 호수 명칭과 굵기가 다를 수 있기 때문에 실물 크기 사진을 기준으로 한다.

25번 자수실 사용법

실을 1가닥씩 뽑아 가지런히 정돈한 뒤 수놓으면
자수가 볼록하고 깔끔해진다.

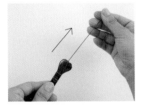

1　라벨 부분을 누르며 6가닥 상태로 실 끝을 잡고 살짝 빼낸다.

2　사용하기 편한 길이(약 50cm)로 자른다. 길이가 너무 길면 수놓는 사이 보풀이 생기므로 주의.

3　엉키지 않도록 주의하며 자른 끝에서 실을 1가닥씩 빼낸다.

4　필요한 가닥수를 빼낸 뒤 (3가닥이면 3가닥) 실 끝을 가지런히 정돈한다. 6가닥일 때도 1가닥씩 빼서 가지런히 정돈한 뒤 사용하면 깔끔하게 완성된다.

자수실 꿰는 법

몇 가닥이든 가지런히 정돈한 자수실을 한 번에 바늘구멍에 꿴다.

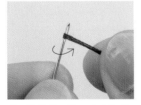

1　실 끝을 바늘 머리의 얇은 부분(바늘구멍의 옆면)에 걸어 반으로 접는다.

바늘을 뺀다

2　바늘구멍 부분의 실을 손가락으로 잡고 눌러 납작하게 만든다. 잡은 손가락은 그대로 두고 바늘을 아래로 뺀다.

실 고리를 바늘구멍에 꿴다

3　2에서 실을 잡은 손가락은 그 상태로 납작하게 눌린 실 고리를 바늘구멍에 밀어 넣어 꿴다.

4　바늘구멍에 꿴 실 고리를 뺀다.

수놓기 전에 · 천을 물에 담근다

천 전체를 물에 담가(1시간 정도), 물기를 짜지 않고 주름을 펴서 말린다. 덜 마른 상태에서 가로세로 올을 다리미로 정돈한다. 기성품인 에이프런이나 키친 클로스 등을 물세탁한 것도 물에 담갔다가 사용하면 좋다.

접착심지를 붙인다

천에 도안을 베끼기 전에 안쪽에 접착심지를 붙인다.

   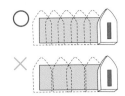

1 접착심지는 도안보다 조금 크게 자른다. 천 안쪽에 접착심지의 까슬까슬한 면(붙이는 면)을 맞춰 붙인다.

2 다리미는 문지르지 말고, 위에서 힘을 주듯 10~15초 꽉 누른다. 다림질 온도는 천 종류에 맞춘다.

3 빈틈없이 다리미 위치를 조금씩 옮기며 붙인다. 오른쪽 그림처럼 다리미 위치가 확실히 겹치게 이동하는 것이 요령. 열이 완전히 식을 때까지 평평하게 놓아둔다.

도안 베끼는 법

도안을 정확히 베끼는 것은 자수를 깔끔하게 완성하기 위한 첫걸음.

1 도안 위에 투사지를 겹치고, 샤프펜슬 등으로 정확히 덧그려 베낀다.

2 천 위에 1의 투사지를 겹치고 끝을 시침핀으로 고정한다.

3 투사지와 천 사이에 수예용 복사지를 끼우고(색 있는 면을 아래로 한다), 맨 위에 OPP 시트를 겹친다.

4 도안선 위를 트레이서로 덧그린다. 맨 위에 OPP 시트를 겹치면 도안이 찢어지는 것을 방지한다.

5 도안을 전부 덧그린 뒤 천에 겹친 것을 떼어낸다. 모든 선을 천에 베꼈는지 확인한다.

6 도안선의 흐린 부분이 있으면 다시 그려두면 좋다.

있으면 편리한 도구

천 전용 샤프펜슬

(소잉용 패브릭 펜슬) 0.9mm의 심지로 가는 선을 그릴 수 있고, 표시는 물로 지울 수 있어 편리하다.

원형 자

작은 원의 도안은 원형 자를 사용하면 정확히 표시할 수 있다. 도안에 맞는 사이즈를 고르자.

자수틀 끼우는 법

수놓는 동안 천이 느슨해지면 그때마다 팽팽히 다시 펴서 작업한다.

1 바깥 틀의 나사를 풀어 안 틀을 뺀다. 안 틀 위에 천을 놓는다.

2 도안이 틀 중심에 오도록 맞추고, 천 위로 바깥 틀을 끼운다.

3 천을 네 방향으로 조금씩 잡아당겨 가로세로 올을 수직으로 정돈한다.

4 틀 안의 천을 팽팽히 편 상태에서 나사를 꽉 조인다.

이 책에서 사용하는 스티치

스트레이트 스티치

1 빼기
2 넣기

플라이 스티치

2 넣기
1 빼기
3 빼기
4 넣기

3

짧은 바늘땀으로
고정한다

레이지데이지 스티치

3 빼기
4 넣기
1 빼기
2 넣기

아우트라인 스티치

1 빼기
3 빼기
2 넣기
3

2~3을 반복한다

아우트라인 필링

체인 스티치

2 넣기
3 빼기
1 빼기
3

2~3을 반복한다

프렌치 노트 스티치(2회 감기)

1 빼기

실을 2번 감으며
바늘 끝을 위로
향한다

2
1 빼기

2 넣기
실을 당긴다

바늘에 실을 감은 횟수만큼
크기가 달라진다

프렌치 노트 필링

프렌치 노트
스티치로
메운다

새틴 스티치

3 빼기
2 넣기
1 빼기

스티치 방향은 도안 안의
안내선에 맞춘다
너비가 넓은 부분부터 시작하면
수놓기 편하다

끝까지 수놓으면 안쪽 실 사이를 지나
남은 반 분량의 자수 시작 위치로 바늘을 뺀다

2~3을 반복한다

롱 & 쇼트 스티치

1 빼기
3 빼기
2 넣기

2~3을 반복하며 도안을 메운다

도안 보는 법

※○ 안의 숫자는 실 가닥수

실의 제조사명· →
번수
(도안 전체)

올림퍼스 25번 자수실
지정된 곳 이외는 2가닥

↓
실 가닥수
(도안 전체)

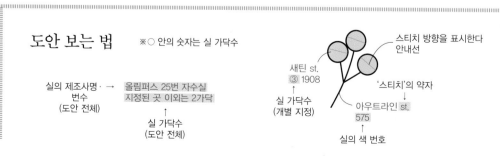

새틴 st.
③ 1908

실 가닥수
(개별 지정)

스티치 방향을 표시한다
안내선

'스티치'의 약자

아우트라인 st.
575

실의 색 번호

자수 시작·마무리와 실 끝 정리

안쪽 실 끝을 잘 마무리하면
겉쪽도 깔끔하게 완성된다

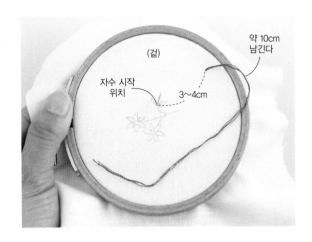

(겉)
자수 시작
위치
3~4cm
약 10cm
남긴다

자수 시작 (일반적인 스티치)

도안에서 조금 떨어진 위치에 겉에서 바늘을 넣고, 자수 시작 위치
로 뺀다. 실 끝은 천의 겉으로 10cm 정도 남겨둔다. 이 실 끝은 자수
를 끝낸 뒤 정리하므로 너무 당겨서 빠지지 않게 주의.

자수 마무리 (일반적인 스티치)

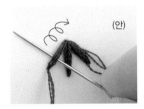

(안)

1 안쪽 바늘땀을 뜬다. 천은
뜨지 않도록 주의. 같은
방향에서 2, 3회 뜨고 자
수 마무리의 실이 빠지지
않게 얽는다.

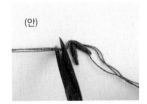

(안)

2 천 바로 옆에서 실을 자른
다. 안쪽 바늘땀이 점점으
로 연결된 스티치의 경우
는 1땀씩 2, 3회 뜬다.

빼서
정리한다
(안)

3 자수 시작의 실 끝도 안쪽
으로 빼내고, 바늘에 꿰어
1·2와 같은 방법으로 마
무리한다.

(안) (겉)

4 자수 시작·마무리의 실 끝
을 정리한 모습. 실을 너무
당기거나 천을 떠서 겉쪽
에 표시 나지 않게 주의.

새틴 스티치의 경우

스티치 아래에 가려지는 부분에서 실 끝을 정리한다. 롱 & 쇼트 스티치도 같은 방법으로 한다.

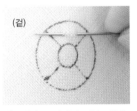

(겉)

1 새틴 스티치의 자수 시작
은 겉에서 도안의 안쪽을
작게 1땀 뜬다.

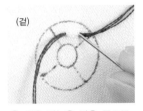

(겉)

2 처음 바늘을 넣은 곳으로
바늘을 넣는다. 박음질 요
령으로 1땀 되돌린 상태.

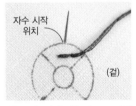

자수 시작
위치
(겉)

3 실을 당겨 바늘땀으로 시작
실 끝을 고정. 다음 바늘은
자수 시작 위치로 뺀다.

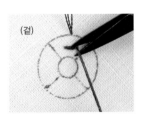

(겉)

4 남은 실 끝은 천의 바로 옆
에서 자른다.

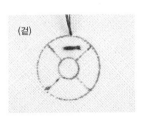

(겉)

5 시작 실 끝을 정리한 상태.
새틴 스티치는 이 위로 수
놓아가기 때문에 정리한 부
분은 보이지 않는다.

(안)

6 새틴 스티치의 자수 마무리.
안쪽으로 건넨 실을 2, 3땀
떠서 실을 얽고 천의 바로
옆에서 자른다.

43

스티치·수놓는 법의 포인트

레이지데이지 스티치 안에 스트레이트 스티치

꽃잎이나 작은 잎사귀에 주로 사용하는 스티치.
잎이라면 줄기에 가까운 부분에서 끝 쪽으로 수놓는다.
볼록하게 입체적으로 완성하는 것이 포인트.

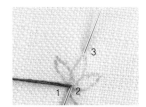

1 먼저 레이지데이지 스티치를 수놓는다. 시작 위치에서 바늘을 빼고(1), 바로 옆에 다시 한번 바늘을 넣어(2) 도안 끝으로 뺀다(3).

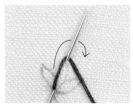

2 뺀 바늘 끝에 실을 건다. 실에 너무 여유를 주지 않아야 깔끔하게 완성된다(너무 당기지 않는 정도로).

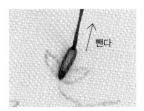

3 그대로 바늘을 빼고, 실을 당긴다. 실이 고리 상태가 된다.

4 완성된 고리의 건너편(바로 옆)으로 바늘을 넣어(4), 고리를 누른다.

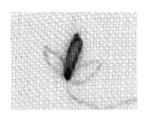

5 레이지데이지 스티치가 완성된 모습. 이 위에 스트레이트 스티치를 겹친다.

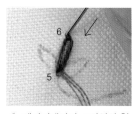

6 레이지데이지 스티치의 첫 바늘을 뺀 자리(1)와 같은 위치에서 바늘을 빼고(5), 끝의 4와 같은 위치에 넣는다(6).

7 실제로는 오른쪽 사진처럼 같은 색으로 수놓는다. 스트레이트 스티치는 너무 당기지 않고 겹치게 수놓는 것이 요령.

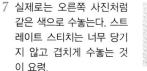

레이지데이지 스티치 안에 스트레이트 스티치를 수놓고, 다시 그린색의 스트레이트 스티치를 수놓은 모티프(작품 4). 위의 꽃은 중심에서 바깥쪽으로, 아래의 꽃봉오리는 줄기에 가까운 부분에서 끝 쪽으로 수놓았다.

도넛 모양의
새틴 스티치

새틴 스티치는 바늘땀 방향의 안내선을 그려두면 수놓기 편하다.
도넛 모양의 도안은 바깥쪽·안쪽의 원둘레 길이 차이를
의식하며 수놓으면 깔끔하게 완성된다.

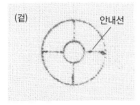

1 천에 도안을 베낄 때는 새틴 스티치의 방향(안내선)도 그려두면 좋다(실물 크기 도안 안의 파란색 가는 선이나 작품 사진을 참조).

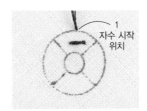

2 P.43을 참조해 자수 시작의 실 끝을 정리한다. 바깥 둘레를 사등분한 곡선의 중심에서 바늘을 뺀다(1).

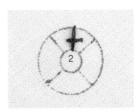

3 안 둘레에 바늘을 넣는다(2). 이곳에서 사등분한 곡선의 오른쪽 반 분량을 메워간다.

4 바늘땀끼리 가능한 한 겹치지 않게, 나란히 수놓는다. 바깥 둘레는 아주 조금씩 사이를 띄우고, 안 둘레는 바깥 둘레보다 꼭 붙인다.

5 다음은 남은 왼쪽 반 분량을 수놓으므로 안쪽 바늘땀을 뜨고(천을 뜨지 않게 주의), 1의 자수 시작 위치 근처로 돌아간다.

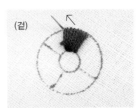

6 1의 자수 시작 위치 바로 옆에서 바늘을 빼고, 4와 같은 방법으로 왼쪽 반 분량을 수놓는다.

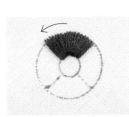

7 왼쪽 반 분량을 수놓은 모습. 이것으로 전체 원의 1/4을 수놓았다.

8 나머지도 3~7과 같은 방법으로 1/4씩 완성해간다. 자수틀마다 방향을 고쳐 쥐며 수놓으면 작업하기 편하다.

새틴 스티치
바늘을 빼는 위치를 정할 때는…

천의 안쪽에서 정확한 위치를 겨냥해 바늘을 빼기 위한 요령. 자수틀을 쥔 왼손 중지의 사용법이 포인트가 된다(여기서는 안쪽 손가락의 위치를 알 수 있게 비치는 오건디를 사용해 설명했다).

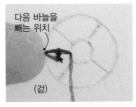

1 다음 바늘을 빼는 위치를 자수틀을 쥔 왼손 중지로 천의 안쪽에서 밀어 올린다. 이 중지를 가이드로 위치를 잡는다.

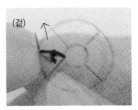

2 왼손 중지에 바늘을 붙이고, 도안선 위로 바늘을 뺀다. 중지의 지탱으로 바늘에 안정감이 생겨 위치를 세밀하게 조정하기 쉽다.

아우트라인 스티치
(2가닥 나란히 수놓는다)

식물의 줄기 등 굵고 힘 있는 라인을 표현하고 싶을 때
주로 등장하는 자수법. 굵은 1가닥의 라인으로,
로프 같은 입체감이 살아나면 이상적.

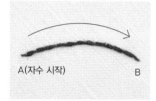

1 아우트라인 스티치는 왼쪽에서 오른쪽으로(A에서 B로) 수놓는다.

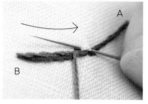

2 2줄째는 자수틀을 반 바퀴 돌려 왼쪽에서 오른쪽으로(B에서 A로) 수놓는다. 1줄째에 맞춰 나란히 수놓는다(실제로는 같은 색으로 수놓는다).

3 2줄째는 바늘땀의 횟수를 1줄째에 맞추고, 수놓은 1줄째의 라인을 들어 올려 세우듯이 수놓으면 입체감이 살아난다. 1줄째의 바늘땀을 가르거나 타고 올라가지 않게 주의.

아우트라인 스티치의 변형

아우트라인 스티치로 나란히 면을 메우는 '아우트라인 필링'. 1~3과 같은 방법으로 방향을 바꿔 쥐며 전체를 왕복해 수놓는다(작품 6).

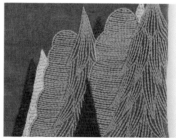

아우트라인 필링만큼 채우지 않고, 일정하게 간격을 띄운 아우트라인 스티치로 메운다(작품 21). 윤곽선을 먼저 수놓은 뒤 안쪽을 수놓는다.

새틴 스티치
(2가지 색실을 꿰어 수놓는다)

2색의 실을 2가닥+1가닥 총 3가닥으로 수놓으면 투톤 컬러를 연출할 수 있다(작품 1).

예를 들어 도안의 지시가 '② 붉은색(실제로는 색상 번호)+① 파란색'으로 되어 있으면 붉은색 2가닥과 파란색 1가닥을 함께 바늘에 꿰어 3가닥으로 새틴 스티치 한다.

스티치의 사용법 변형

플라이 스티치로 메운다

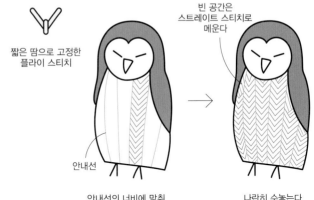

짧은 땀으로 고정한
플라이 스티치

빈 공간은
스트레이트 스티치로
메운다

안내선

안내선의 너비에 맞춰
채워서 수놓는다

나란히 수놓는다

플라이 스티치를 짧은 바늘땀으로 고정하면 V자가 된다. 이것을 나란히 채워서 수놓아 올빼미의 몸을 메운다(작품 7).

새틴 스티치 주위에 아우트라인 스티치

먼저 새틴 스티치를 수놓은 뒤 아우트라인 스티치로 둘러싸면 깔끔하게 완성된다(작품 2).

프렌치 노트 필링

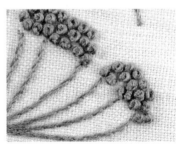

바깥쪽(도안선에 맞춰)에서 안쪽으로 점점으로 수놓아 메운다. 프렌치 노트 스티치끼리 겹치지 않게 배열하는 느낌으로 수놓는다(작품 22).

자수를 마치면·완성

천에 남은 도안의 표시를 지우기 전에 다림질하면 열로 표시가 남아 있을 수 있으니 주의.

1 모든 자수가 끝나면 자수틀을 뺀다.

2 수예용 복사지의 표시는 물로 지울 수 있으니, 분무기로 물을 뿌려 적신다.

3 아직 표시가 남은 부분이 있으면, 물을 적신 면봉으로 두드려서 깨끗하게 지운다.

4 다리미의 끝을 잘 이용해서, 자수 부분을 피해(직접적으로 닿지 않게) 다림질한다.

실물 크기 도안

올림퍼스 25번 자수실
지정된 곳 이외는 새틴 st.
지정된 곳 이외는 3가닥

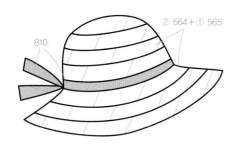

② 564+① 565

810

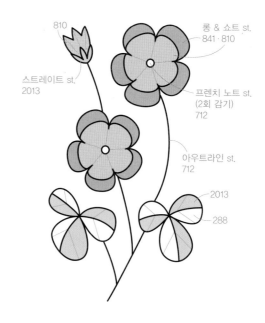

810

스트레이트 st.
2013

롱 & 쇼트 st.
841·810

프렌치 노트 st.
(2회 감기)
712

아우트라인 st.
712

2013

288

프렌치 노트 st.(1회 감기)
⑥ 810

아우트라인 st.
288

아우트라인 st.
2013

레이지데이지 st.
안에 스트레이트 st.
2013

아우트라인 st.
(2줄 나란히)
712

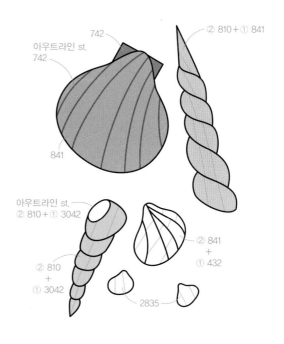

742

아우트라인 st.
742

841

② 810+① 841

아우트라인 st.
② 810+① 3042

② 810
+
① 3042

② 841
+
① 432

2835

2 · 3 8쪽 작품
실물 크기 도안

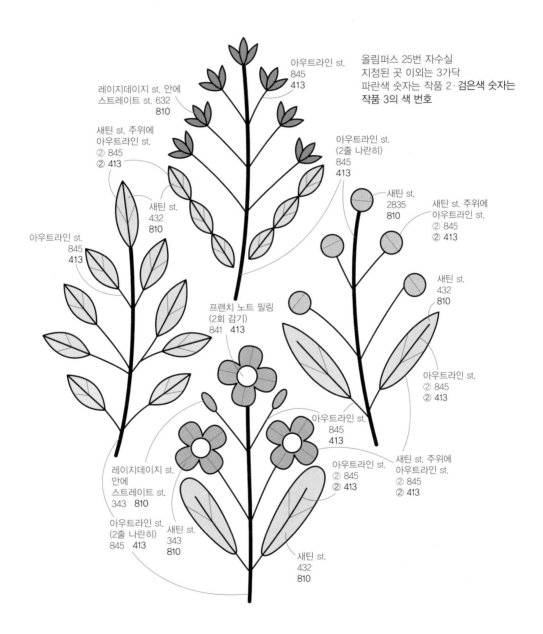

아우트라인 st.
845
413

올림퍼스 25번 자수실
지정된 곳 이외는 3가닥
파란색 숫자는 작품 2 · 검은색 숫자는
작품 3의 색 번호

레이지데이지 st. 안에
스트레이트 st. 632
810

새틴 st. 주위에
아우트라인 st.
② 845
② 413

아우트라인 st.
(2줄 나란히)
845
413

새틴 st.
2835
810

새틴 st. 주위에
아우트라인 st.
② 845
② 413

새틴 st.
432
810

아우트라인 st.
845
413

새틴 st.
432
810

프렌치 노트 필링
(2회 감기)
841   413

아우트라인 st.
② 845
② 413

아우트라인 st.
845
413

아우트라인 st.
② 845
② 413

새틴 st. 주위에
아우트라인 st.
② 845
② 413

레이지데이지 st.
안에
스트레이트 st.
343   810

아우트라인 st.
(2줄 나란히)
845   413

새틴 st.
343
810

새틴 st.
432
810

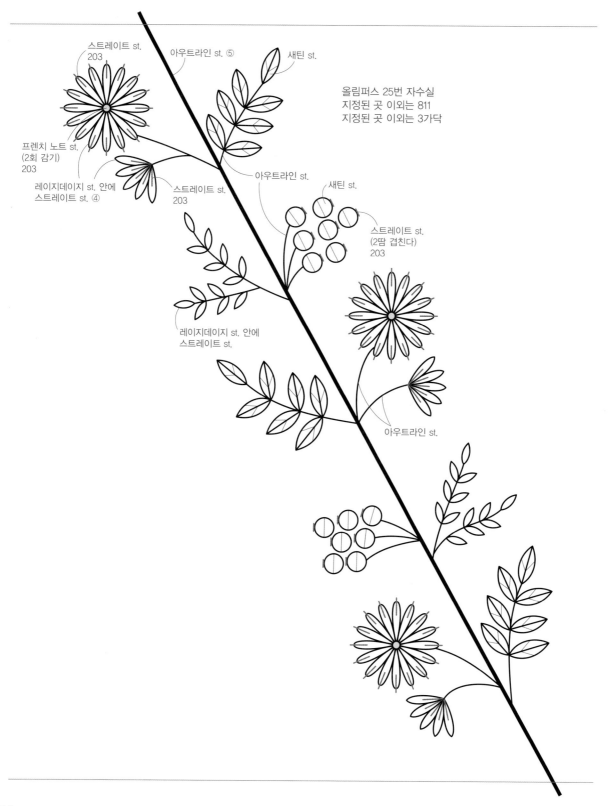

스트레이트 st.
203

아웃트라인 st. ⑤

새틴 st.

올림퍼스 25번 자수실
지정된 곳 이외는 811
지정된 곳 이외는 3가닥

프렌치 노트 st.
(2회 감기)
203

레이지데이지 st. 안에
스트레이트 st. ④

스트레이트 st.
203

아웃트라인 st.

새틴 st.

스트레이트 st.
(2땀 겹친다)
203

레이지데이지 st. 안에
스트레이트 st.

아웃트라인 st.

10쪽 작품
실물 크기 도안

→ 작품 만드는 법은
71쪽

레이지데이지 st. 안에
스트레이트 st.
2835

새틴 st.
343

올림퍼스 25번 자수실
모두 3가닥

줄기는 모두
아우트라인 st.
343

레이지데이지 st. 안에
스트레이트 st.
343 · 324

새틴 st.
632

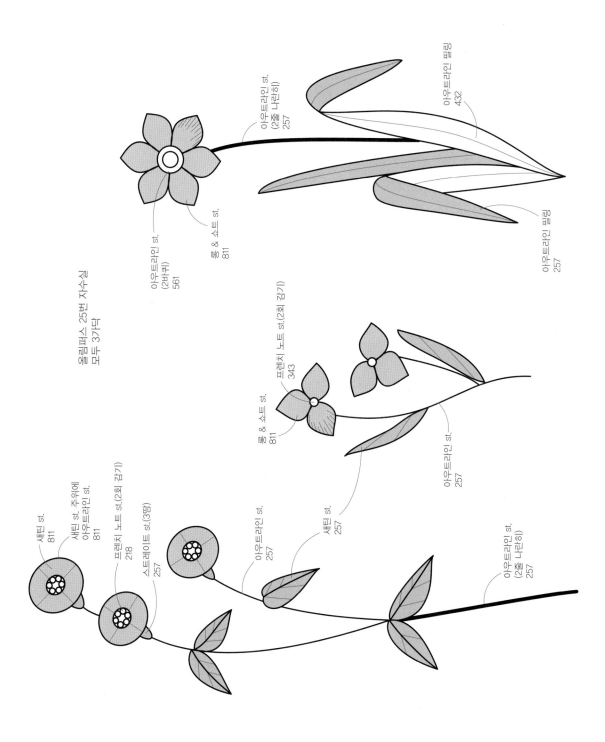

올림퍼스 25번 자수실
모두 37가닥

아웃트라인 st.
(2줄 나란히)
257

아웃트라인 필링
432

아웃트라인 필링
257

롱 & 쇼트 st.
811

아웃트라인 st.
(2바퀴)
561

프렌치 노트 st.(2회 감기)
343

롱 & 쇼트 st.
811

아웃트라인 st.
257

아웃트라인 st.
257

새틴 st.
257

새틴 st.
811

새틴 st. 주위에
아웃트라인 st.
811

프렌치 노트 st.(2회 감기)
218

스트레이트 st.(3땀)
257

아웃트라인 st.
(2줄 나란히)
257

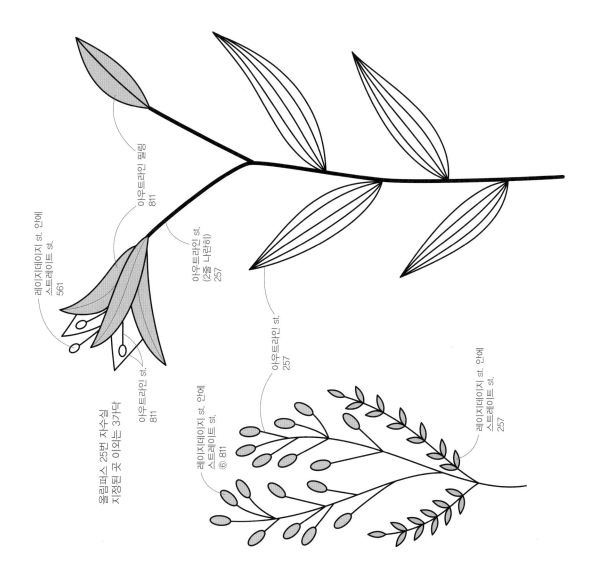

레이지데이지 st. 안에
스트레이트 st.
561

아우트라인 필링
811

아우트라인 st.
(2줄 나란히)
257

올림푸스 25번 자수실
지정된 곳 이외는 3가닥

아우트라인 st.
811

아우트라인 st.
257

레이지데이지 st. 안에
스트레이트 st.
ⓖ 811

레이지데이지 st. 안에
스트레이트 st.
257

올림퍼스 25번 자수실
지정된 곳 이외는 2가닥

프렌치 노트 st.(2회 감기)
③ 341

새틴 st.
343

아우트라인 st.
632

아우트라인
필링
③ 841

새틴 st.
③ 423
스트레이트 st.
343

아우트라인
필링
③ 343

스트레이트 st.
(3땀)
343

플라이 st.로
메운다
③ 841

새틴 st.
③ 341

새틴 st.
632

아우트라인 st.
632

스트레이트 st.
(2땀 겹친다)
③ 423

새틴 st.
1602

아우트라인 st.
343

레이지데이지 st. 안에
스트레이트 st.
343

8 · 9

14·15쪽 작품

실물 크기 도안

→ 작품 9 만드는 법은 73쪽

올림퍼스 25번 자수실 작품 8=지정된 곳 이외는 841 작품 9=모두 393
지정된 곳 이외는 아웃라인 st./3가닥
★=레이지데이지 st. 안에 스트레이트 st.

새틴 st.
2835

632

② 632

프렌치
노트 st.
(1회 감기)
④ 2835

프렌치 노트 st.
(2회 감기) ②

②

② 2835

2835

스트레이트 st.

새틴 st.

새틴 st.

프렌치 노트 st.
(1회 감기) ④

632

④

632

② 632

프렌치 노트 st.
(1회 감기) ④

(2줄 나란히)

프렌치 노트 st.
(1회 감기) ④ 2835

11

17쪽 작품
실물 크기 도안

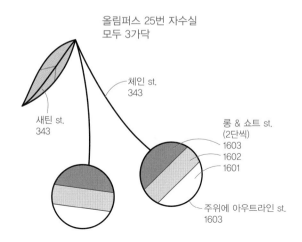

올림퍼스 25번 자수실
모두 3가닥

체인 st.
343

새틴 st.
343

롱 & 쇼트 st.
(2단씩)
1603
1602
1601

주위에 아우트라인 st.
1603

17쪽 작품
실물 크기 도안

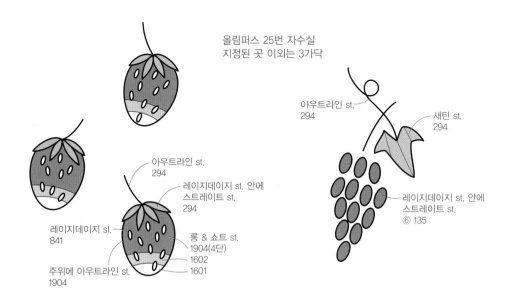

올림퍼스 25번 자수실
지정된 곳 이외는 3가닥

아우트라인 st.
294

새틴 st.
294

아우트라인 st.
294

레이지데이지 st. 안에
스트레이트 st.
294

레이지데이지 st. 안에
스트레이트 st.
⑥ 135

레이지데이지 st.
841

롱 & 쇼트 st.
1904(4단)
1602
1601

주위에 아우트라인 st.
1904

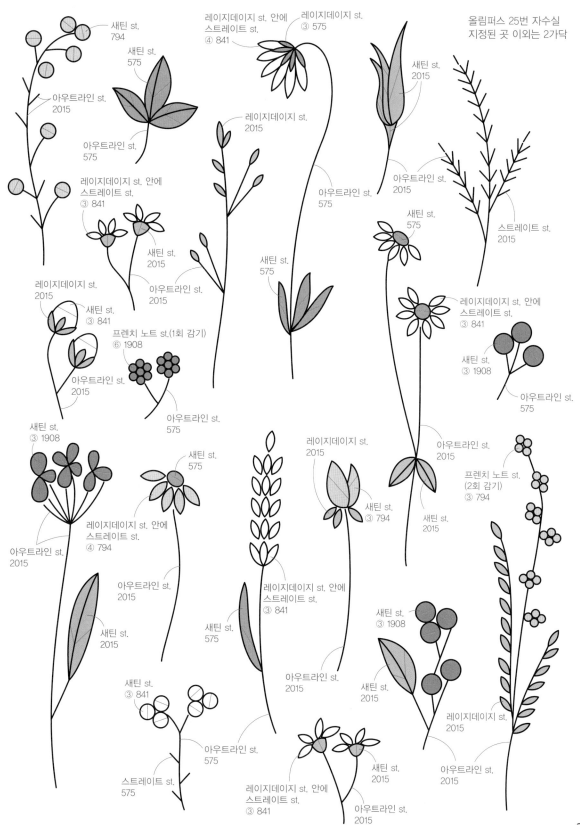

새틴 st.
794

새틴 st.
575

아우트라인 st.
2015

아우트라인 st.
575

레이지데이지 st. 안에
스트레이트 st.
③ 841

레이지데이지 st.
2015

새틴 st.
③ 841

아우트라인 st.
2015

프렌치 노트 st.(1회 감기)
⑥ 1908

아우트라인 st.
575

새틴 st.
③ 1908

아우트라인 st.
2015

레이지데이지 st. 안에
스트레이트 st.
④ 794

아우트라인 st.
2015

새틴 st.
2015

새틴 st.
③ 841

아우트라인 st.
575

스트레이트 st.
575

레이지데이지 st. 안에
스트레이트 st.
④ 841

레이지데이지 st.
③ 575

레이지데이지 st.
2015

아우트라인 st.
575

새틴 st.
575

새틴 st.
575

레이지데이지 st. 안에
스트레이트 st.
③ 841

새틴 st.
575

레이지데이지 st.
2015

새틴 st.
③ 794

아우트라인 st.
2015

레이지데이지 st. 안에
스트레이트 st.
③ 841

새틴 st.
2015

새틴 st.
2015

올림퍼스 25번 자수실
지정된 곳 이외는 2가닥

새틴 st.
2015

아우트라인 st.
2015

스트레이트 st.
2015

새틴 st.
575

레이지데이지 st. 안에
스트레이트 st.
③ 841

새틴 st.
③ 1908

아우트라인 st.
575

아우트라인 st.
2015

프렌치 노트 st.
(2회 감기)
③ 794

새틴 st.
③ 1908

새틴 st.
2015

레이지데이지 st.
2015

아우트라인 st.
2015

14·15

20·21쪽 작품

실물 크기 도안

→ 작품 14 만드는 법은 74쪽

올림퍼스 25번 자수실
지정된 곳 이외는 아웃라인 st.
지정된 곳 이외는 2가닥
파란색 숫자는 작품 14·
검은색 숫자는 작품 15의 색 번호

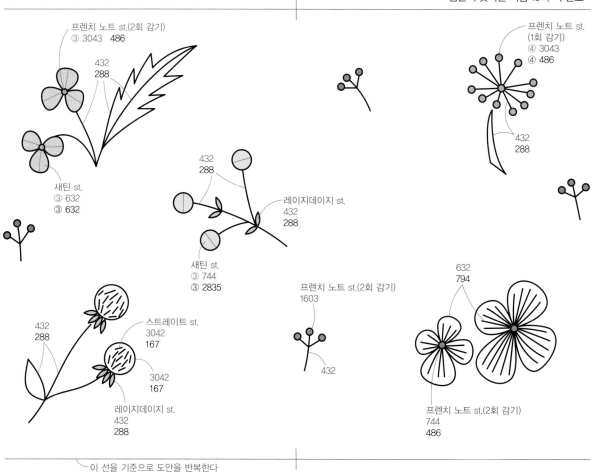

프렌치 노트 st.(2회 감기)
③ 3043　486

432
288

새틴 st.
③ 632
③ 632

프렌치 노트 st.
(1회 감기)
④ 3043
④ 486

432
288

432
288

레이지데이지 st.
432
288

새틴 st.
③ 744
③ 2835

프렌치 노트 st.(2회 감기)
1603

432

632
794

432
288

스트레이트 st.
3042
167

3042
167

레이지데이지 st.
432
288

프렌치 노트 st.(2회 감기)
744
486

이 선을 기준으로 도안을 반복한다

58

16 · 17

22쪽 작품
실물 크기 도안

올림퍼스 25번 자수실 모두 3가닥
파란색 숫자는 작품 16·
검은색 숫자는 작품 17의 색 번호

레이지데이지 st. 안에
스트레이트 st.
632
432

아우트라인 st.
841
1904

체인 st.
3042
344

아우트라인 st.
343
202

새틴 st.
343
202

롱 & 쇼트 st.
343
202

체인 st.(2줄 나란히)
3042
344

18 · 19

23쪽 작품
실물 크기 도안 → 작품 만드는 법은 71쪽

올림퍼스 25번 자수실 모두 3가닥
파란색 숫자는 작품 18· **검은색 숫자는 작품 19의 색 번호**

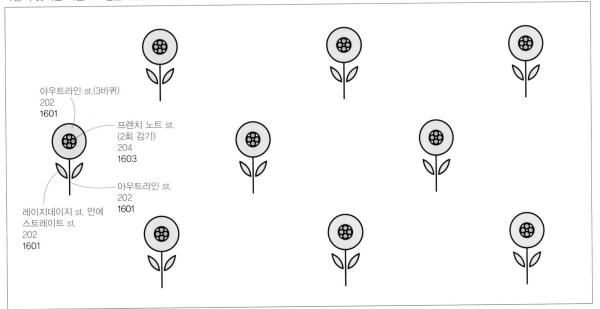

아우트라인 st.(3바퀴)
202
1601

프렌치 노트 st.
(2회 감기)
204
1603

아우트라인 st.
202
1601

레이지데이지 st. 안에
스트레이트 st.
202
1601

올림퍼스 25번 자수실
지정된 곳 이외는 3가닥

아우트라인 st.
1602

새틴 st.
2013

프렌치 노트 st.
(2회 감기)
1603

아우트라인 st.(3바퀴)
1601

새틴 st.
204

레이지데이지 st. 안에
스트레이트 st.
204

아우트라인 st.
1602

아우트라인 st.
204

새틴 st. 위에서
아우트라인 st.
② 1603

새틴 st.
206

21

25쪽 작품

실물 크기 도안

→ 작품 만드는 법은 75쪽

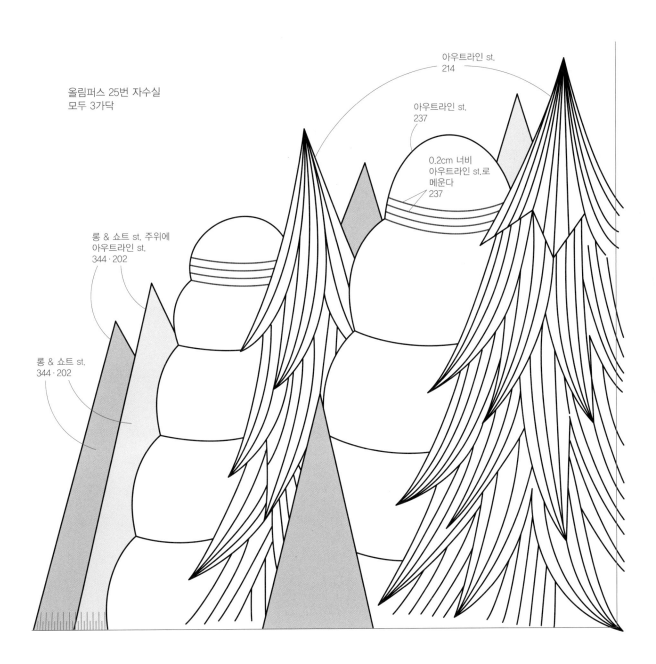

올림퍼스 25번 자수실
모두 3가닥

아우트라인 st.
214

아우트라인 st.
237

0.2cm 너비
아우트라인 st.로
메운다
237

롱 & 쇼트 st. 주위에
아우트라인 st.
344 · 202

롱 & 쇼트 st.
344 · 202

26쪽 작품
실물 크기 도안

올림퍼스 25번 자수실
지정된 곳 이외는 2가닥

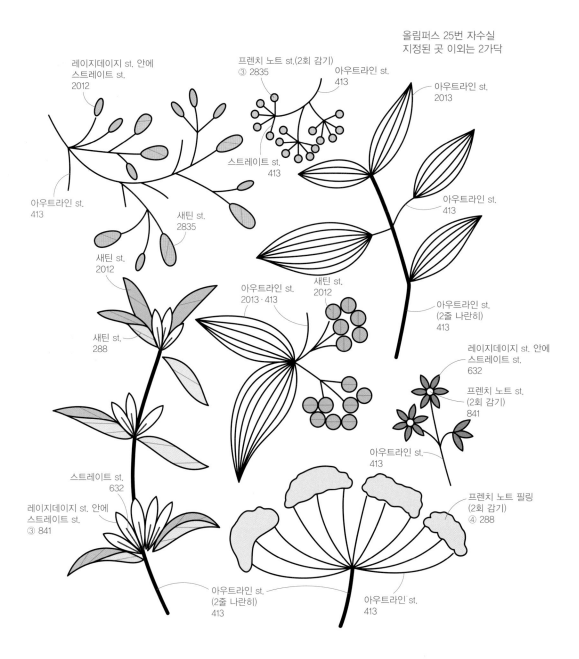

레이지데이지 st. 안에
스트레이트 st.
2012

프렌치 노트 st.(2회 감기)
③ 2835

아우트라인 st.
413

아우트라인 st.
2013

스트레이트 st.
413

아우트라인 st.
413

아우트라인 st.
413

새틴 st.
2835

새틴 st.
2012

새틴 st.
2012

아우트라인 st.
2013 · 413

새틴 st.
288

아우트라인 st.
(2줄 나란히)
413

레이지데이지 st. 안에
스트레이트 st.
632

프렌치 노트 st.
(2회 감기)
841

아우트라인 st.
413

프렌치 노트 필링
(2회 감기)
④ 288

스트레이트 st.
632

레이지데이지 st. 안에
스트레이트 st.
③ 841

아우트라인 st.
(2줄 나란히)
413

아우트라인 st.
413

27쪽 작품
실물 크기 도안

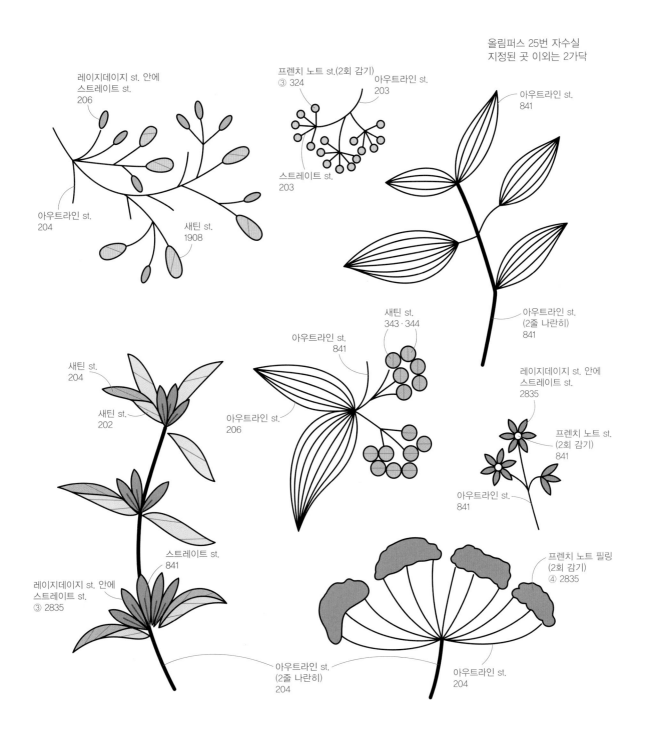

레이지데이지 st. 안에
스트레이트 st.
206

프렌치 노트 st.(2회 감기)
③ 324

아우트라인 st.
203

올림퍼스 25번 자수실
지정된 곳 이외는 2가닥

아우트라인 st.
841

스트레이트 st.
203

아우트라인 st.
204

새틴 st.
1908

새틴 st.
343 · 344

아우트라인 st.
(2줄 나란히)
841

새틴 st.
204

아우트라인 st.
841

레이지데이지 st. 안에
스트레이트 st.
2835

새틴 st.
202

아우트라인 st.
206

프렌치 노트 st.
(2회 감기)
841

스트레이트 st.
841

아우트라인 st.
841

레이지데이지 st. 안에
스트레이트 st.
③ 2835

프렌치 노트 필링
(2회 감기)
④ 2835

아우트라인 st.
(2줄 나란히)
204

아우트라인 st.
204

실물 크기 도안 → 작품 만드는 법은 76쪽

올림퍼스 25번 자수실
지정된 곳 이외는 아웃트라인 st.
지정된 곳 이외는 27가닥
★=레이지데이지 st. 안에 스트레이트 st.

845

★③ 218

프렌치 노트 st.
(2회 감기) ③ 841

214

새틴 st.
237

(2줄 나란히)
794

794

218

새틴 st.
218

214

새틴 st.
214

★ 237

214

프렌치 노트 st.
(2회 감기)
③ 841

845

★③ 841

③ 845

★③ 214

주머니 입구

아웃트라인 필링
237

프렌치 노트 st.
(2회 감기)
③ 841

845

218

218

새틴 st.
237

(2줄 나란히)
845

845

새틴 st.
214

214

스트레이트 st.
237

새틴 st.
③ 794

(2줄 나란히)
794

237

이 선을 기준으로 도안을 반복한다

25 · 26

31쪽 작품
실물 크기 도안 → 작품 25 만드는 법은 77쪽

작품 25

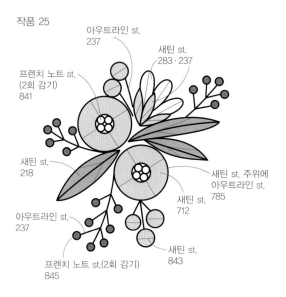

아우트라인 st.
237

새틴 st.
283 · 237

프렌치 노트 st.
(2회 감기)
841

새틴 st.
218

아우트라인 st.
237

프렌치 노트 st.(2회 감기)
845

새틴 st. 주위에
아우트라인 st. 785

새틴 st.
712

새틴 st.
843

올림퍼스 25번 자수실
모두 3가닥

작품 26의 색 번호(스티치는 작품 25와 같다)

575

632

565

841

841

565

2835

575

324

324

올림퍼스 25번 자수실
모두 3가닥

프렌치 노트 st.(2회 감기)
2835

레이지데이지 st. 안에
스트레이트 st.
204

스트레
이트 st.
324

아우트라인 st.
324

새틴 st.
2835

새틴 st.
632

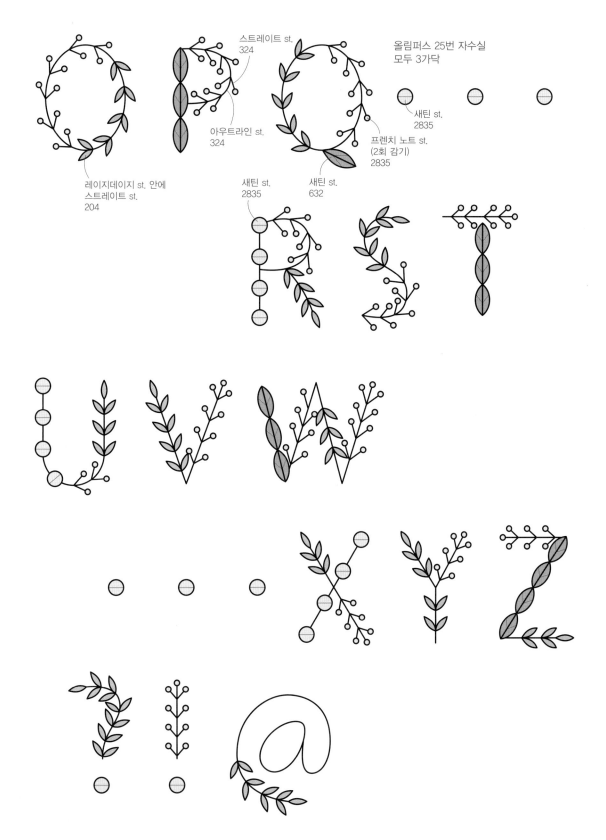

올림퍼스 25번 자수실
모두 3가닥

스트레이트 st.
324

아우트라인 st.
324

프렌치 노트 st.
(2회 감기)
2835

새틴 st.
2835

새틴 st.
2835

새틴 st.
632

레이지데이지 st. 안에
스트레이트 st.
204

27 · 28

32쪽 작품

실물 크기 도안 → 작품 27 만드는 법은 78쪽

작품 27
올림퍼스 25번 자수실
모두 3가닥

작품 28
올림퍼스 25번 자수실
모두 2가닥

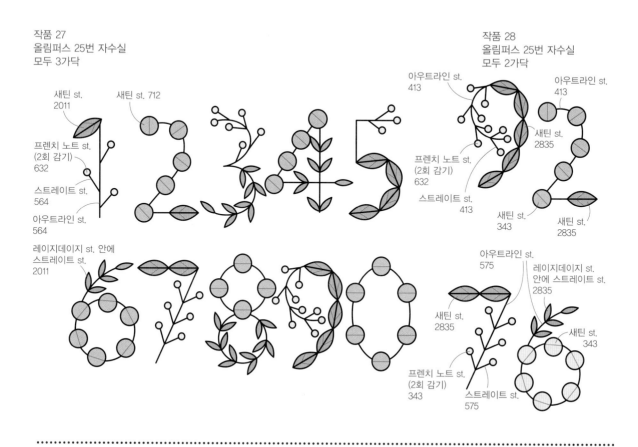

29

33쪽 작품

실물 크기 도안 → 작품 만드는 법은 79쪽

올림퍼스 25번 자수실
모두 3가닥

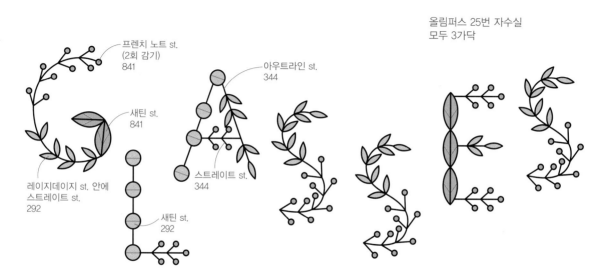

10

16쪽 작품

재료(1점 또는 1세트 분량)

핑크색 또는 베이지색 리넨 15×15cm, 접착심지 10×10cm, 올림퍼스 25번 자수실 각 색상 적당량 (도안 참조), 브로치…지름 3.5cm 또는 4.5×3.5cm 타원형 브로치대 1개, 길이 2.5cm 브로치핀 1개, 가죽(또는 두꺼운 펠트) 5×5cm, 귀걸이…지름 1.5cm 원판 클립형 귀걸이 부속 1세트, 두꺼운 종이 적당량

만드는 법(공통)

1. 리넨 안쪽에 접착심지를 붙이고, 수를 놓는다. 완성선에서 1.5cm(귀걸이는 0.5cm) 시접을 넣어 자른다.
2. 가죽에 브로치대를 맞춰 표시한다. 표시보다 살짝 안쪽을 자른 뒤 브로치핀을 꿰매 고정한다. 귀걸이는 지름 1.6cm 두꺼운 종이를 2장 준비한다.
3. 1의 주위를 홈질한다. 안에 브로치대(귀걸이는 두꺼운 종이)를 넣고, 실을 당겨 조여서 감싼다.
4. 브로치는 2와 3을 안끼리 맞대어 본드로 붙인다. 귀걸이는 3의 안쪽에 귀걸이 부속인 원판을 본드로 붙인다.

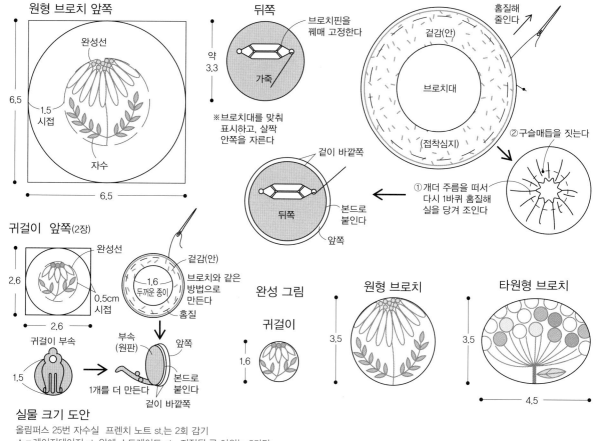

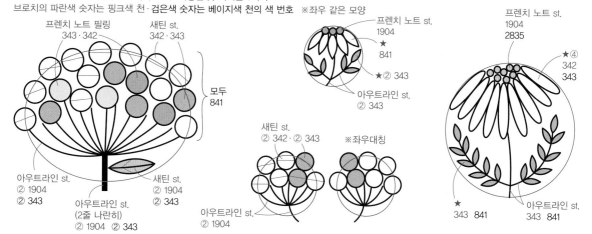

4

9쪽 작품
실물 크기 도안…50쪽

재료
황토색 리넨 50×60cm, 속주머니
용 코튼 45×55cm, 접착심지 45
×55cm, 너비 1.5cm 리본 170cm,
올림퍼스 25번 자수실 각 색상 적
당량(도안 참조)

만드는 법
1. 본체·바닥용 리넨 안쪽에 접
착심지를 붙인다. 본체에 수를 놓
는다.

2. 본체를 겉끼리 맞대어 옆을 꿰매, 원통형으로 만든다.
3. 본체와 바닥을 겉끼리 맞댄다. 4곳의 맞춤 표시를 맞추
고, 그 사이사이를 촘촘히 시침핀으로 고정해 꿰맨다(본체
쪽이 남는 경우는 보통 개더를 잡는다).
4. 2·3과 같은 방법으로 속주머니를 만든다(옆에 창구멍을
남기고 꿰맨다).
5. 입구 천을 2장 만들고, 본체 주머니 입구에 시침질로 임
시 고정한다.
6. 본체와 속주머니를 겉끼리 맞대어 주머니 입구를 꿰맨다.
창구멍을 통해 겉으로 뒤집어, 창구멍을 감침질로 막는다.
7. 입구 천에 리본을 2줄 좌우로 끼우고 끝을 묶는다.

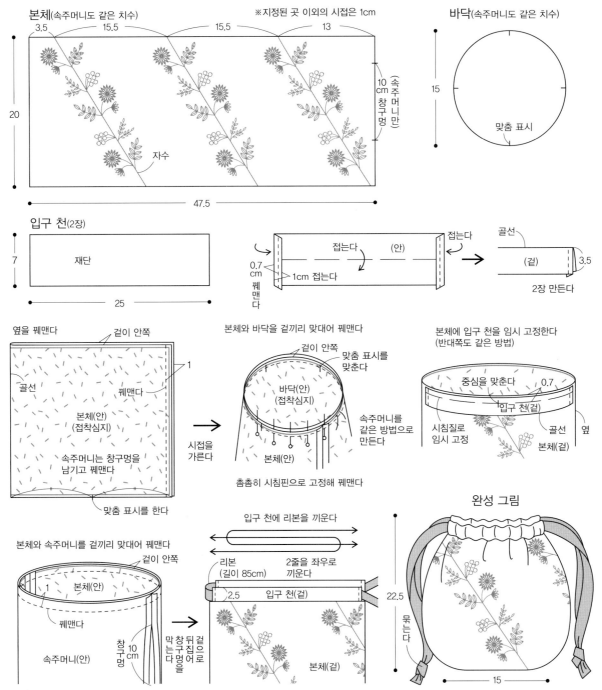

70

5
18 · 19

10 · 23쪽 작품

실물 크기 도안…51 · 59쪽

작품 5   재료

오프화이트 리넨 40×40cm, 올림퍼스 25번 자수실 각 색상 적당량(도안 참조)

작품 18 · 19   재료(1점 분량)

핑크색 또는 그린색 리넨 15×20cm, 접착심지 10×18cm, 충전 솜 적당량, 너비 0.3cm 가죽끈 15cm, 올림퍼스 25번 자수실 각 색상 적당량(도안 참조)

작품 5   만드는 법

1. 리넨에 도안을 베껴 수를 놓는다(1장 재봉으로 안쪽이 보이는 작품이므로 접착심지는 붙이지 않는다).
2. 각 변에 2cm의 시접을 넣어 재단하고, 네 모서리를 자른다. 주위를 1cm 너비로 2번 접어 감침질한다.

작품 18 · 19   만드는 법(공통)

1. 리넨 안쪽에 접착심지를 붙이고 수를 놓는다.
2. 1을 겉끼리 맞대고, 사이에 반으로 접은 가죽끈을 끼운다. 창구멍을 남기고 두 변을 꿰맨다.
3. 창구멍 있는 변의 시접을 가르고, 솔기와 ★ 위치를 맞춰 꿰맨다.
4. 창구멍을 통해 겉으로 뒤집어, 모양을 정돈한다. 충전 솜을 넣고 창구멍을 막는다.

※시접 2cm

작품 5

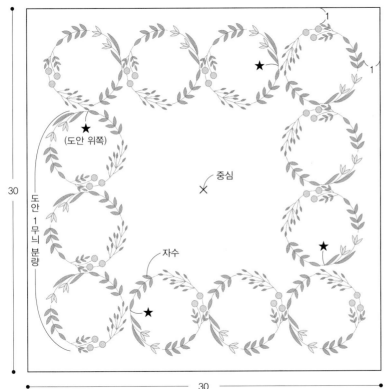

30

30

도안 1 무늬 분량

중심 ×

(도안 위쪽)

자수

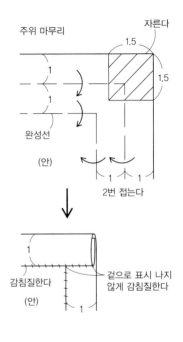

주위 마무리   자른다

1.5   1.5

1

1

완성선

(안)

1   1

2번 접는다

1

감침질한다   (안)   겉으로 표시 나지 않게 감침질한다

1

작품 18 · 19

※시접 1cm

가죽끈 다는 위치

8

8

16

자수

4cm 창구멍

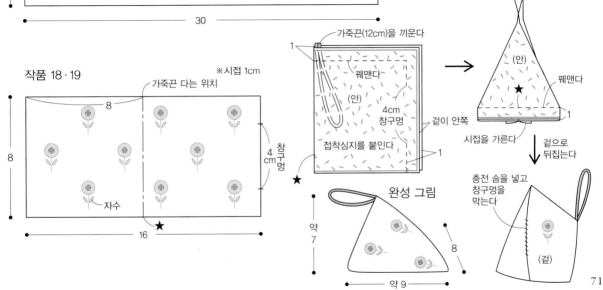

가죽끈(12cm)을 끼운다

1

꿰맨다

(안)

4cm 창구멍

겉이 안쪽

접착심지를 붙인다

1

★

약 7

(안)

★

꿰맨다

시접을 가른다

1

겉으로 뒤집는다

완성 그림

약 9   8

충전 솜을 넣고 창구멍을 막는다

(겉)

6

11쪽 작품
실물 크기 도안…52·53쪽

재료
그레이색 리넨 80×90cm, 올림
퍼스 25번 자수실 각 색상 적당량
(도안 참조)

만드는 법
1. 본체용 리넨에 도안을 베껴 수
를 놓는다(1장 재봉으로 안쪽이 보
이는 작품이므로 접착심지를 붙이
지 않는다).
2. 본체 주위에 시접을 넣어 재단

한다. 윗부분의 턱을 접어 꿰맨다.
3. 리본을 2장 만든다.
4. 본체의 양옆을 2번 접어 꿰매고, 윗부분에 벨트를 겉끼리 맞대어 꿰맨다.
5. 벨트를 겉으로 뒤집고, 리본을 겉끼리 맞대어 시침질로 임시 고정한다. 리본을 끼울 수 있게 벨트를 겉끼리 맞대어, 시접 분량을 남기고 꿰맨다.
6. 벨트를 겉으로 뒤집고, 시접을 안으로 접어 넣어 감침질 한다.
7. 밑단을 2번 접어 꿰맨다.

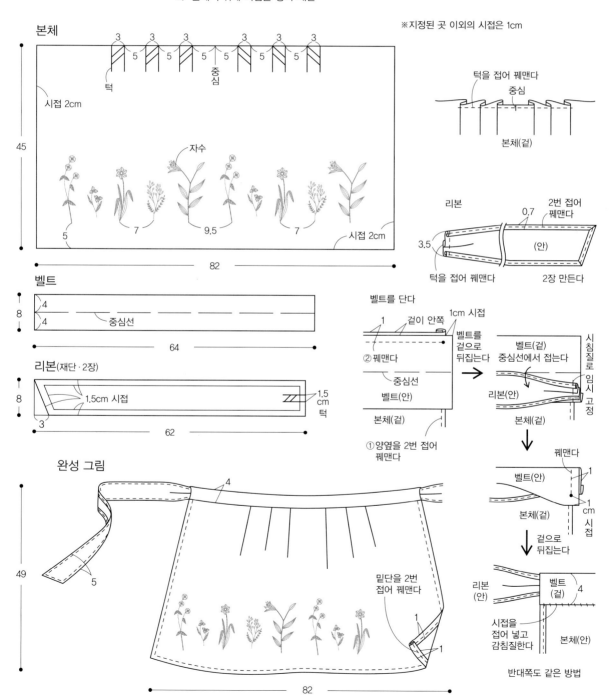

9

15쪽 작품
실물 크기 도안…55쪽

재료

흰색 리넨 35×30cm, 파란색 리넨(뒤쪽·손잡이·속주머니용) 40×70cm, 접착심지 25×20cm, 올림퍼스 25번 자수실 393 적당량

만드는 법

1. 본체 앞쪽용 리넨 안쪽에 접착심지를 붙이고, 수를 놓는다. 면 전체에 수를 놓으면 약간 줄어들 수 있기 때문에, 사이즈를 재서 완성선 표시를 다시 해두면 좋다. 주위에 시접을 넣어 재단한다.

2. 손잡이를 2개 만든다.

3. 1의 주머니 입구에 손잡이를 시침질로 임시 고정하고, 속주머니용 천을 겉끼리 맞대어 꿰맨다. 2장을 펼쳐 시접을 가른다. 뒤쪽도 같은 방법으로 만든다.

4. 본체끼리·속주머니끼리 겉끼리 맞대어, 속주머니의 바닥에 창구멍을 남기고 주위를 꿰맨다.

5. 4에서 꿰맨 시접을 가르고, 창구멍을 통해 겉으로 뒤집는다. 창구멍을 감침질로 막는다.

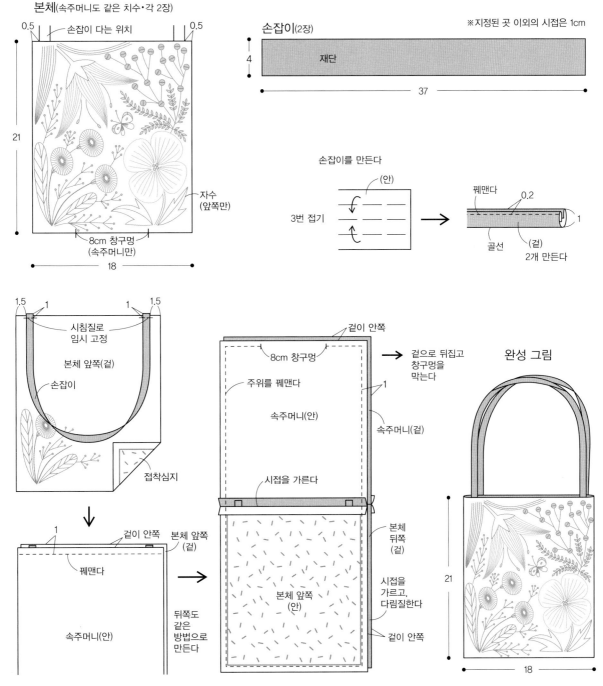

본체(속주머니도 같은 치수·각 2장)

0.5　손잡이 다는 위치　0.5

21

8cm 창구멍
(속주머니만)

18

자수
(앞쪽만)

손잡이(2장)

4

재단

37

※지정된 곳 이외의 시접은 1cm

손잡이를 만든다

3번 접기

(안)

꿰맨다　0.2

골선　(겉)

2개 만든다

1.5　1　　1　1.5

시침질로
임시 고정

본체 앞쪽(겉)

손잡이

접착심지

1

꿰맨다

겉이 안쪽　본체 앞쪽(겉)

속주머니(안)

뒤쪽도 같은 방법으로 만든다

겉이 안쪽

8cm 창구멍

주위를 꿰맨다

속주머니(안)

시접을 가른다

본체 앞쪽(안)

1

속주머니(겉)

본체 뒤쪽(겉)

시접을 가르고, 다림질한다

겉이 안쪽

겉으로 뒤집고 창구멍을 막는다

완성 그림

21

18

73

14

20쪽 작품
실물 크기 도안…58쪽

실물 크기 도안…58쪽

재료

핑크색 리넨·속주머니용 코튼 각 30×90cm, 접착심지 20×50cm, 올림퍼스 25번 자수실 각 색상 적당량(도안 참조)

만드는 법

1. 시접을 넣어 본체용 리넨을 자른다. 중심 부분 안쪽에 접착심지를 붙이고, 수를 놓는다.

2. 본체를 겉끼리 맞대어, ◎ 표시끼리 맞춰 옆을 꿰맨다. ★ 표시끼리 맞추고 다시 접어 반대쪽 옆을 꿰매고, 본체를 주머니 모양으로 만든다.

3. 2와 같은 방법으로 속주머니를 만든다(천을 자를 때는 사선 방향을 본체와 반대로 한다. 한쪽 옆에 창구멍을 남기고 꿰맨다).

4. 본체와 속주머니를 겉끼리 맞대어 주머니 입구를 꿰맨다.

5. 창구멍을 통해 겉으로 뒤집어, 모양을 정돈한다. 창구멍을 감침질로 막는다.

6. 손잡이 끝을 겹쳐 감침질한다.

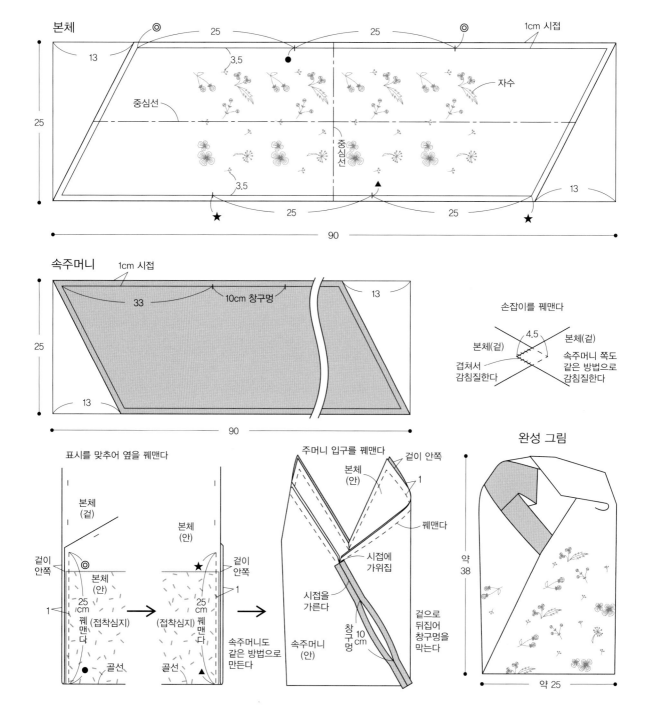

본체

1cm 시접
25 · 25
13
중심선
자수
중심선
3.5
3.5
25
90
13
1cm 시접

속주머니

1cm 시접
33
10cm 창구멍
13
25
13
90

손잡이를 꿰맨다
4.5
본체(겉)
본체(겉)
속주머니 쪽도 같은 방법으로 감침질한다
겹쳐서 감침질한다

표시를 맞추어 옆을 꿰맨다
본체(겉)
겉이 안쪽
◎
본체(안)
25cm
꿰맨다
1
골선
●

본체(안)
★
겉이 안쪽
25cm
(접착심지) 꿰맨다
1
(접착심지) 꿰맨다
속주머니도 같은 방법으로 만든다
골선
▲

주머니 입구를 꿰맨다
본체(안)
겉이 안쪽
1
꿰맨다
시접에 가위집
시접을 가른다
속주머니(안)
창구멍 10cm
겉으로 뒤집어 창구멍을 막는다

완성 그림
약 38
약 25

21

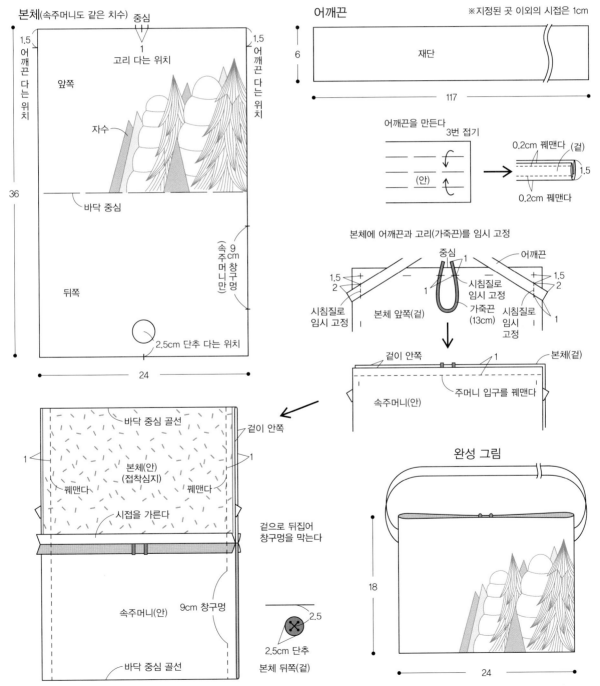

25쪽 작품
실물 크기 도안…61쪽

재료
그린색 리넨 50×120cm, 속주머니용 코튼 40×30cm, 접착심지 40×30cm, 지름 2.5cm 단추 1개, 너비 0.3cm 가죽끈 15cm, 올림퍼스 25번 자수실 각 색상 적당량 (도안 참조)

만드는 법
1. 본체용 리넨을 가재단하고(자수틀을 끼우기 쉽게 윗변·오른쪽 옆은 5cm씩 여백을 둔다), 안쪽에 접착심지를 붙인다. 앞쪽에 수를 놓은 뒤 시접을 넣어 주위를 다시 재단한다.
2. 어깨끈을 만든다.
3. 본체 앞쪽 주머니 입구(=윗변)에 어깨끈과 고리(가죽끈)를 시침질로 임시 고정한다.
4. 본체에 속주머니를 겉끼리 맞대어, 주머니 입구(=윗변·아랫변)를 꿰맨다.
5. 4의 시접을 가르고, 본체끼리·속주머니끼리 겉끼리 맞댄다. 속주머니에 창구멍을 남기고 양옆을 꿰맨다.
6. 창구멍을 통해 겉으로 뒤집고, 창구멍을 감침질로 막는다. 뒤쪽에 단추를 단다.

본체(속주머니도 같은 치수)
중심
1
고리 다는 위치
1.5 어깨끈 다는 위치
앞쪽
자수
바닥 중심
36
9cm (속주머니만) 창구멍
뒤쪽
2.5cm 단추 다는 위치
24

어깨끈
※지정된 곳 이외의 시접은 1cm
재단
6
117

어깨끈을 만든다
3번 접기
(안)
0.2cm 꿰맨다 (겉)
0.2cm 꿰맨다
1.5

본체에 어깨끈과 고리(가죽끈)를 임시 고정
중심
1
어깨끈
1.5
2
1
시침질로 임시 고정
가죽끈 (13cm)
시침질로 임시 고정
본체 앞쪽(겉)
1.5
2
1
시침질로 임시 고정

겉이 안쪽
1
주머니 입구를 꿰맨다
본체(겉)
속주머니(안)

바닥 중심 골선
겉이 안쪽
1
1
본체(안) (접착심지)
꿰맨다
꿰맨다
시접을 가른다
겉으로 뒤집어 창구멍을 막는다
속주머니(안)
9cm 창구멍
바닥 중심 골선

2.5
2.5cm 단추
본체 뒤쪽(겉)

완성 그림
18
24

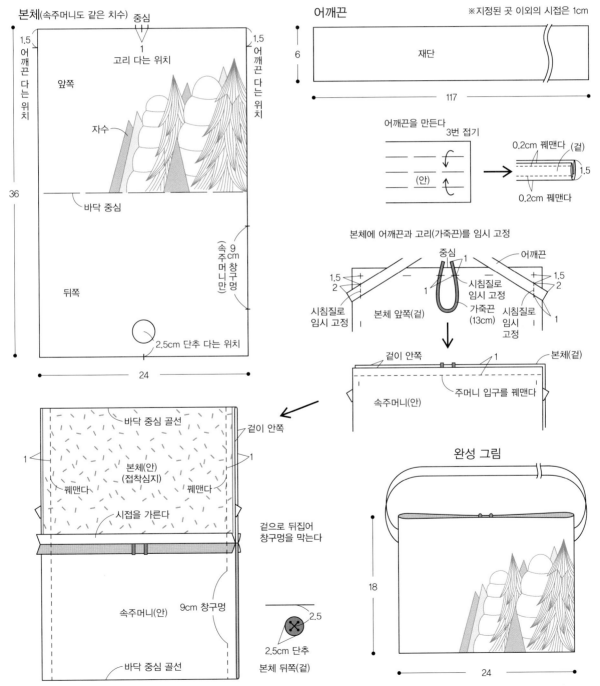

24

28·29쪽 작품

실물 크기 도안···64쪽

재료

아이보리색 리넨 50×100cm, 속주머니용 코튼 40×80cm, 접착심지 40×40cm, 너비 0.7cm 그로그램 리본 120cm, 지름 0.2cm 가죽끈 80cm, 지름 2.5cm 단추 1개, 올림퍼스 25번 자수실 각 색상 적당량(도안 참조)

만드는 법

1. 본체용 리넨을 가재단하고(자수틀을 끼우기 쉽게 윗변과 양옆에 여백을 두고, 50×50cm 정도로 자른다). 자수 부분 안쪽에 접착심지를 붙이고 수를 놓는다. 시접을 넣어 주위를 다시 재단한다.(앞쪽·뒤쪽 2장을 만든다)

2. 1의 주머니 입구에 고리(반으로 접은 리본)를 시침질로 임시 고정한다.

3. 본체 2장을 겉끼리 맞대어 옆과 바닥을 꿰맨다. 시접을 가르고, 바닥면을 꿰맨다.

4. 3과 같은 방법으로 속주머니를 만든다(옆에 창구멍을 남기고 꿰맨다).

5. 본체와 속주머니를 겉끼리 맞대어, 주머니 입구를 꿰맨다. 창구멍을 통해 겉으로 뒤집어, 창구멍을 감침질로 막는다.

6. 고리에 가죽끈을 끼우고, 양옆을 단추에 끼운 뒤 묶는다.

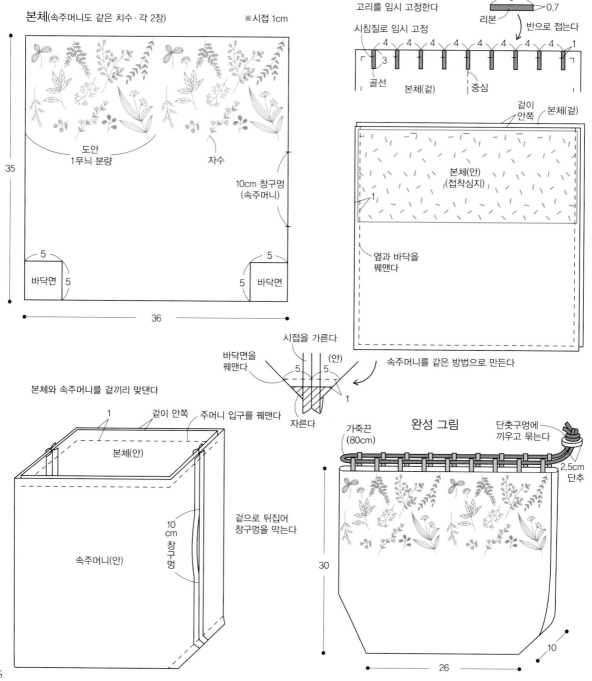

본체(속주머니도 같은 치수·각 2장) ※시접 1cm

35

도안 1무늬 분량

자수

10cm 창구멍 (속주머니)

5

바닥면 5

5 바닥면

5

36

고리를 임시 고정한다

6

0.7

리본

반으로 접는다

시침질로 임시 고정

4 4 4 4 4 4 4 4 1

3

골선

본체(겉)

중심

겉이 안쪽

본체(겉)

본체(안) (접착심지)

1

옆과 바닥을 꿰맨다

속주머니를 같은 방법으로 만든다

시접을 가른다

바닥면을 꿰맨다

(안)

5 5

1

자른다

본체와 속주머니를 겉끼리 맞댄다

1

겉이 안쪽

주머니 입구를 꿰맨다

본체(안)

속주머니(안)

10 cm 창구멍

겉으로 뒤집어 창구멍을 막는다

가죽끈 (80cm)

완성 그림

단춧구멍에 끼우고 묶는다

2.5cm 단추

30

26

10

25

31쪽 작품

실물 크기 도안…65쪽

재료

노란색 리넨 90×40cm, 접착심지 20×20cm, 솜 넣은 속주머니 1개 (35×35cm), 올림퍼스 25번 자수 실 각 색상 적당량(도안 참조)

만드는 법

1. 앞쪽용 리넨 안쪽에 접착심지를 붙인다. 도안을 베껴 수를 놓는다.
2. 뒤쪽의 1변을 2번 접어 꿰맨다(2장 만든다).
3. 앞쪽과 뒤쪽을 겉끼리 맞대어(뒤쪽 2장은 2에서 꿰맨 변을 7cm 겹친다), 주위를 꿰맨다.
4. 뒤쪽의 트임 입구를 통해 겉으로 뒤집어, 솜 넣은 속주머니를 넣는다.

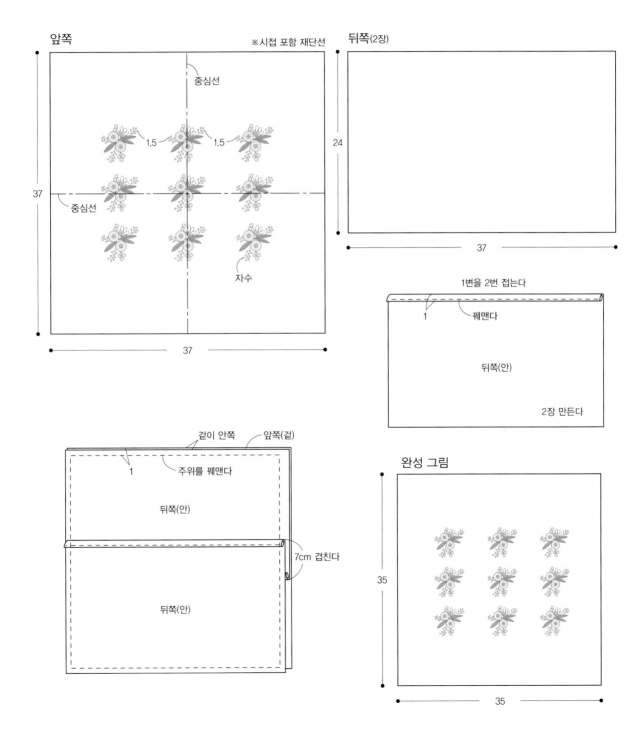

앞쪽

※시접 포함 재단선

중심선

1.5 1.5

중심선

37

37

자수

뒤쪽(2장)

24

37

1변을 2번 접는다

1 꿰맨다

뒤쪽(안)

2장 만든다

겉이 안쪽 앞쪽(겉)

1 주위를 꿰맨다

뒤쪽(안)

7cm 겹친다

뒤쪽(안)

완성 그림

35

35

27

32쪽 작품
실물 크기 도안…68쪽

재료

노란색 리넨 30×20cm, 속주머니용 코튼 30×20cm, 접착심지 30×20cm, 20cm 길이 코일 지퍼 1개, 너비 0.2cm 가죽끈 20cm, 올림퍼스 25번 자수실 각 색상 적당량(도안 참조)

만드는 법

1. 본체용 리넨 안쪽에 접착심지를 붙인다(앞쪽·뒤쪽). 앞쪽에 도안을 베껴 수를 놓는다.
2. 지퍼 길이를 조정한다.
3. 본체 앞쪽과 지퍼를 겉끼리 맞대어 꿰매고, 다시 속주머니를 겉끼리 맞대어 꿰맨다. 지퍼 반대쪽에도 본체 뒤쪽과 속주머니를 같은 방법으로 꿰맨다.
4. 본체·속주머니를 각각 펴고, 본체끼리·속주머니끼리 겉끼리 맞댄다. 속주머니의 바닥에 창구멍을 남기고 주위를 꿰맨다.
5. 창구멍을 통해 겉으로 뒤집는다. 창구멍을 감침질로 막고, 속주머니를 본체 안으로 넣어 모양을 정돈한다.
6. 지퍼 슬라이더에 가죽끈을 끼워 지퍼 장식을 만든다.

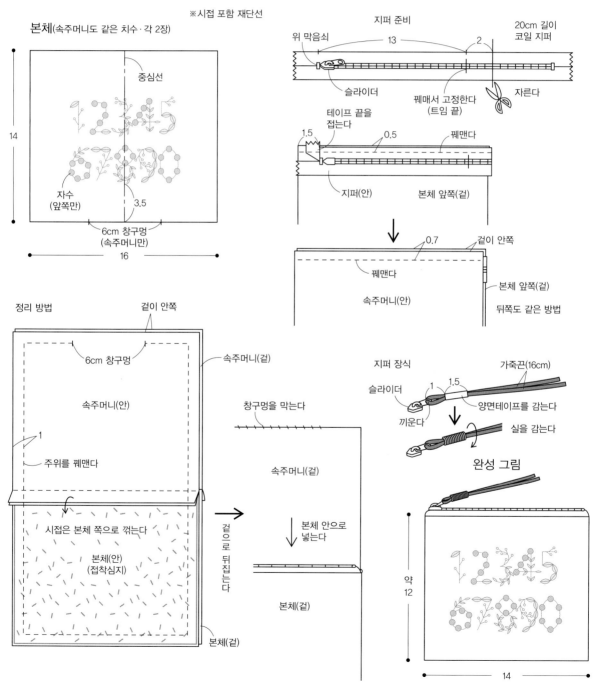

※시접 포함 재단선

본체(속주머니도 같은 치수·각 2장)

중심선

14

자수
(앞쪽만)

3.5

6cm 창구멍
(속주머니만)

16

지퍼 준비

위 막음쇠

13

2

20cm 길이
코일 지퍼

슬라이더

꿰매서 고정한다
(트임 끝)

자른다

테이프 끝을
접는다

1.5

0.5

꿰맨다

지퍼(안)

본체 앞쪽(겉)

0.7

겉이 안쪽

꿰맨다

속주머니(안)

본체 앞쪽(겉)

뒤쪽도 같은 방법

정리 방법

겉이 안쪽

6cm 창구멍

속주머니(겉)

속주머니(안)

1

주위를 꿰맨다

시접은 본체 쪽으로 꺾는다

본체(안)
(접착심지)

겉으로 뒤집는다

본체(겉)

창구멍을 막는다

속주머니(겉)

본체 안으로
넣는다

본체(겉)

지퍼 장식

슬라이더

1

1.5

가죽끈(16cm)

양면테이프를 감는다

끼운다

실을 감는다

완성 그림

약
12

14

78

29

33쪽 작품

실물 크기 도안…68쪽

재료

베이지 리넨 15×40cm, 속주머니용 코튼 15×40cm, 접착심지·얇은 퀼팅 솜 각 15×40cm, 너비 0.3cm 가죽끈 10cm, 지름 1.2cm 단추 1개, 올림퍼스 25번 자수실 각 색상 적당량(도안 참조)

만드는 법

1. 본체용 리넨 안쪽에 접착심지를 붙인다. 앞쪽에 도안을 베껴 수를 놓는다.
2. 본체 앞쪽에 고리(가죽끈)를 시침질로 임시 고정한다.
3. 본체에 속주머니를 겉끼리 맞댄다. 속주머니 위에 퀼팅 솜을 겹치고 양 끝(주머니 입구)을 꿰맨다.
4. 3에서 꿰맨 주머니 입구의 시접을 가르고, 중심에서 겹쳐 본체끼리·속주머니끼리 겉끼리 맞댄다. 속주머니의 창구멍을 남기고 양옆을 꿰맨다.
5. 창구멍을 통해 겉으로 뒤집어, 본체 뒤쪽에 단추를 단다. 창구멍을 감침질로 막고, 속주머니를 본체 안에 넣어 모양을 정돈한다.

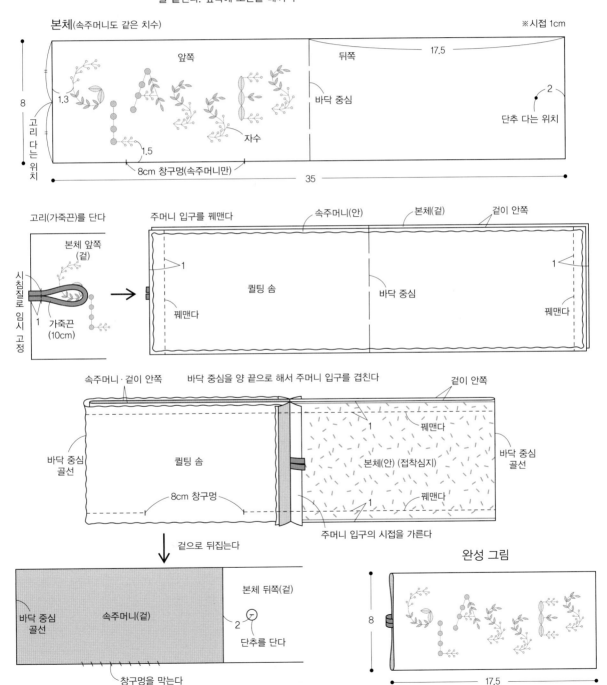

본체(속주머니도 같은 치수)　　　　　　　　　　　　　　※시접 1cm

앞쪽　　　뒤쪽　　17.5

바닥 중심

8

고리 다는 위치

1.3　　1.5

자수

8cm 창구멍(속주머니만)　　35

2

단추 다는 위치

고리(가죽끈)를 단다　　주머니 입구를 꿰맨다　　속주머니(안)　　본체(겉)　　겉이 안쪽

본체 앞쪽(겉)

시침질로 임시 고정

가죽끈(10cm)

1　　퀼팅 솜　　바닥 중심　　1

꿰맨다　　꿰맨다

속주머니·겉이 안쪽　　바닥 중심을 양 끝으로 해서 주머니 입구를 겹친다　　겉이 안쪽

바닥 중심 골선　　퀼팅 솜　　1　　꿰맨다　　바닥 중심 골선

본체(안) (접착심지)

8cm 창구멍　　꿰맨다

주머니 입구의 시접을 가른다

겉으로 뒤집는다

바닥 중심 골선　　속주머니(겉)　　본체 뒤쪽(겉)

2　　단추를 단다

창구멍을 막는다

완성 그림

8

17.5

식물 자수 수첩

초판 1쇄 발행 2020년 1월 20일

지은이 마카베 앨리스
옮긴이 황선영
감 수 문수연
펴낸이 명혜정
펴낸곳 도서출판 이아소
디자인 황경성
교 열 정수완

등록번호 제311-2004-00014호
등록일자 2004년 4월 22일
주소 04002 서울시 마포구 월드컵북로5나길 18 1012호
전화 (02)337-0446 **팩스** (02)337-0402

책값은 뒤표지에 있습니다.
ISBN 979-11-87113-39-3 13590

도서출판 이아소는 독자 여러분의 의견을 소중하게 생각합니다.
E-mail: iasobook@gmail.com

이 도서의 국립중앙도서관 출판예정도서목록(CIP)은 서지정보유통지원시스템 홈페이지
(http://seoji.nl.go.kr)와 국가자료공동목록시스템(http://www.nl.go.kr/kolisnet)에서
이용하실 수 있습니다. (CIP제어번호 : CIP2019053734)